Laserdurchstrahlschweißen transparenter Thermoplaste ohne Strahlungsabsorber

Laser Transmission Welding of Transparent Thermoplastics without Radiation Absorbers

Von der Fakultät für Maschinenwesen
der Rheinisch-Westfälischen Technischen Hochschule Aachen
zur Erlangung des akademischen Grades eines
Doktors der Ingenieurwissenschaften
genehmigte Dissertation

vorgelegt von

Viktor Mamuschkin

Berichter/in:

Univ.-Prof. Dr. rer. nat. Reinhart Poprawe
Univ.-Prof. Dr.-Ing. Christian Hopmann

Tag der mündlichen Prüfung: 15. April 2021

Diese Dissertation ist auf den Internetseiten der Universitätsbibliothek online verfügbar.

ERGEBNISSE AUS DER LASERTECHNIK

Viktor Mamuschkin

Laserdurchstrahlschweißen transparenter Thermoplaste ohne Strahlungsabsorber

Bibliografische Information der Deutschen Nationalbibliothek
Die Deutsche Nationalbibliothek verzeichnet diese Publikation in der Deutschen Nationalbibliografie; detaillierte bibliografische Daten sind im Internet über https://portal.dnb.de abrufbar.

Viktor Mamuschkin:

Laserdurchstrahlschweißen transparenter Thermoplaste ohne Strahlungsabsorber

1. Auflage, 2021

Gedruckt auf holz- und säurefreiem Papier, 100% chlorfrei gebleicht.

Apprimus Verlag, Aachen, 2021
Wissenschaftsverlag des Instituts für Industriekommunikation und Fachmedien an der RWTH Aachen
Steinbachstr. 25, 52074 Aachen
Internet: www.apprimus-verlag.de, E-Mail: info@apprimus-verlag.de

Druck: CPI Druckdienstleistungen GmbH
Ferdinand-Jühlke-Straße 7 I 99095 Erfurt

ISBN 978-3-98555-004-3

D 82 (Diss. RWTH Aachen University, 2021)

Zusammenfassung

Nicht jede Anwendung erlaubt es die Absorptionseigenschaften eines Fügeteils derart anzupassen, wie es für das Laserdurchstrahlschweißen von Kunststoffen im Normalfall erforderlich ist. Die zur Steigerung der Absorption eingesetzten Zusatzstoffe verändern nicht nur die Farbe der Kunststoffmatrix, sie verursachen auch Mehrkosten und können darüber hinaus die Funktionalität oder gar Biokompatibilität des Bauteils beeinträchtigen. Im Rahmen der Arbeit wird eine Variante des Laserdurchstrahlschweißens untersucht, die ohne solche Zusatzstoffe auskommt, indem sie die intrinsische Absorption der Kunststoffe durch eine entsprechende Laserwellenlänge ausnutzt. In einer vereinfachten Betrachtung des Energieeintrags wird zunächst der Bereich hergeleitet, in dem die Rayleighlänge des Laserstrahls liegen sollte, um das Volumen zweier optisch gleicher Fügeteile nicht großräumig, sondern selektiv im Kontaktbereich plastifizieren zu können. Es folgen Simulationen, in denen der Einfluss der Rayleighlänge und anderer Prozessparameter auf das Temperaturfeld gezeigt wird. Neben der Rayleighlänge und dem Absorptionskoeffizienten werden so auch die Beugungsmaßzahl und die Vorschubgeschwindigkeit des Laserstrahls als signifikante Einflussgrößen auf die Volumenselektivität des Energieeintrags identifiziert. Die daraus gewonnenen Erkenntnisse führen zum Ansatz der quasisimultanen Bestrahlung, mit dem eine selektive Erwärmung erzielt werden kann, ohne dass die Rayleighlänge des Strahls im zuvor hergeleiteten Bereich liegt. Anstelle eines instantanen Eintrags wie beim Konturschweißen, wird die Energie schrittweise in schnellen aufeinanderfolgenden Zyklen eingetragen und so im Kontaktbereich der Fügeteile akkumuliert. Im Hinblick auf einen Einsatz in der Serienfertigung erfolgt neben einem Vergleich beider Bestrahlungsvarianten auch die Betrachtung der Pyrometrie, dem gängigsten Verfahren der Qualitätssicherung beim Laserdurchstrahlschweißen. Durch die langwelligere Laserstrahlung beim absorberfreien Schweißen kommt es zur Überlagerung mit der weniger intensiven Wärmestrahlung, die folglich von dem Pyrometer nicht mehr gemessen werden kann. Da die Extraktion der Laserwellenlänge durch optische Filter das ohnehin schon schmale Band der Wärmestrahlung weiter verkleinern würde, wird alternativ ein gepulster Betrieb der Laserstrahlquelle getestet, bei dem die Wärmestrahlung in den Zeiträumen zwischen den Pulsen störungsfrei gemessen werden kann.

Abstract

In many applications it is not possible to adjust the absorption properties of a joining part in a way that is normally required for laser transmission welding of plastics. The additives used to enhance absorption not only change the color of the plastic, they also cause additional costs and can impair the functionality or even biocompatibility of the component. In this thesis a variant of laser transmission welding is investigated that exploits the intrinsic absorption of the plastics by an appropriate laser wavelength to bypass the use of those additives. At first, the range is derived in which the Rayleigh length of the laser beam should be in order to not heat up the volume of two optically identical parts over a large area, but selectively in the contact area. Then, simulations are carried out showing the influence of Rayleigh length and other process parameters on the temperature field. In addition to the Rayleigh length and the absorption coefficient, the diffraction index and the feed rate of the laser beam are identified as significant factors influencing the selectivity of the energy input inside the volume. The knowledge gained from this leads to the approach of quasisimultaneous irradiation, with which selective heating can be achieved without the Rayleigh length of the beam being in the previously derived range. Instead of an instantaneous input as in contour welding, the energy is introduced gradually in fast successive cycles and thus accumulated in the contact area of the joined parts. With regard to the use in series production, a comparison of both irradiation variants is made followed by an examination of pyrometry, the most common method of quality assurance in laser transmission welding. Due to the longer-wave laser radiation in absorber-free welding, there is a superposition with the less intensive thermal radiation, which can therefore no longer be measured by the pyrometer. Since the extraction of the laser wavelength by optical filters would further reduce the already narrow band of thermal radiation, a pulsed operation of the laser beam source is being tested in which the thermal radiation can be measured without interference in the intervals between the pulses.

Danksagung

Die vorliegende Arbeit entstand während meiner Tätigkeit als wissenschaftlicher Mitarbeiter am Lehrstuhl für Lasertechnik in Aachen. Dem Leiter des Lehrstuhls, Prof. Dr. rer. nat. Reinhart Poprawe M.A. möchte ich als erstes danken für die wissenschaftliche Betreuung dieser Arbeit. Ebenso danke ich an der Stelle Prof. Dr.-Ing. Christian Hopmann für die bereitwillige Übernahme des Koreferats.

Da ein Großteil der hier gezeigten Ergebnisse im Rahmen geförderter Forschungsvorhaben entstanden ist, möchte ich allen Fördergebern wie der Arbeitsgemeinschaft industrieller Forschungsvereinigungen „Otto von Guericke e. V." für die finanzielle Unterstützung danken.

Nicht unerwähnt bleiben dürfen die zahlreichen Studenten, deren Abschlussarbeit ich in den Jahren betreuen durfte und natürlich meine studentischen Hilfskräfte. Ohne ihre tatkräftige Unterstützung wäre diese Arbeit so nicht möglich gewesen.

Herzlich bedanken möchte ich mich bei dem Leiter des Kompetenzfeldes Abtragen und Fügen, Dr. Arnold Gillner für die fachliche Begleitung meiner Arbeit. Seine kritischen Anmerkungen und zahlreichen Anregungen haben mir bei der Verfassung der Arbeit sehr geholfen. In dem Zusammenhang danke ich auch allen Kollegen aus dem Kompetenzfeld für das angenehme und kollegiale Arbeitsumfeld. Ein besonderer Dank gilt meinem Bürokollegen Christoph Engelmann, nicht nur für die tolle Bürogemeinschaft und die vielen Aktionen abseits der Arbeit, sondern auch für die Unterstützung nachdem ich den Lehrstuhl verlassen hatte.

Ein großer Dank geht auch an meine Eltern, die mich stets unterstützt haben und sehr viel zurückstecken mussten, um mir und meinem Bruder ein Studium zu ermöglichen. Ihr habt den Grundstein für diese Arbeit gelegt!

Last but not least danke ich besonders meiner Frau Natalie für ihre Geduld und die bedingungslose Unterstützung. Sie hat stets die richtigen Worte gefunden, mich zu motivieren und mir an unzähligen Wochenenden den Rücken freigehalten, damit ich die Arbeit fertigstellen konnte.

Kerpen, August 2021 — Viktor Mamuschkin

Inhalt

1 Einleitung und Zielsetzung

Keine andere Werkstoffgruppe erlaubt es, die an ein Produkt gestellten Anforderungen hinsichtlich Form und Funktion so gut zu erfüllen, wie Kunststoffe. Sie lassen sich schnell und kostengünstig in nahezu jede beliebige Form bringen und verfügen zudem über ein breit einstellbares Eigenschaftsspektrum [1]. Wurden Kunststoffe anfangs für eher einfache Produkte eingesetzt, konnten durch die Entwicklung immer leistungsfähigerer Polymere stetig neue Anwendungsfelder erschlossen werden, die zuvor klassischen Konstruktionswerkstoffen wie den Gläsern oder Metallen vorbehalten waren. Heutzutage umfasst das Einsatzspektrum von Kunststoffen nahezu jeden Lebensbereich und reicht vom Verpackungsmaterial, über Freizeit- und Haushaltsartikel bis hin zu Hightech-Anwendungen in der Luft- und Raumfahrt [2].

Um die gewünschte Beschaffenheit zu erhalten, werden insbesondere im technischen Bereich viele Kunststoffprodukte modular, d.h. durch die Zusammenführung mehrerer Komponenten, hergestellt. Auf diese Weise lassen sich im Bauteilinneren Elektronikkomponenten einfassen oder Bauteilgeometrien realisieren, die durch Urformprozesse allein nicht möglich sind. Die Herstellung erfolgt in dem Fall durch das Zusammenfügen separat hergestellter Komponenten. Dazu stehen dem Anwender diverse Fügeverfahren zur Auswahl, deren individuelle Eignung von wirtschaftlichen sowie bauteilspezifischen Anforderungen abhängt [3].

Das Schweißen zählt in der industriellen Fertigung zu den wichtigsten Fügeverfahren für Kunststoffteile und kommt insbesondere dort zum Einsatz, wo eine dauerhafte und mediendichte Verbindung zwischen den Fügepartnern gefragt ist [4]. Ein Verfahren, das sich in den letzten beiden Jahrzehnten in zahlreichen Industriezweigen etablieren konnte, ist das Laserdurchstrahlschweißen. Obwohl der Einsatz von Laserstrahlung zum Schweißen von Kunststoffen bereits Ende der 60er erstmalig Erwähnung fand, gelang es erst mit der Erfindung des Durchstrahlverfahrens im Jahr 1985, Laserstrahlung so einzusetzen, dass sich daraus gegenüber konventionellen Fügeverfahren wie dem Ultraschall- oder Heizelementschweißen Vorteile ergaben [5]. Die Möglichkeit den Fügebereich präzise, schwingungs- und partikelfrei zu erwärmen, bot neue Perspektiven und rückte das Laserdurchstrahlschweißen schnell in den Fokus der Forschung.

optischen Methoden wie z.B. der Infrarot- oder Fluoreszenzspektroskopie analysiert, die eine vollkommene Transparenz des Bauteilwerkstoffs über einen breiten Spektralbereich erfordern. Der Einsatz absorptionssteigernder Zusatzstoffe ist in dem Fall unzulässig, da er die Transparenz des Kunststoffs erheblich beeinträchtigen würde. Das gilt auch für sogenannte Infrarot-Absorber, deren Absorptionsvermögen auf ein schmales Band begrenzt sind. Da die Laserwellenlängen, auf die diese Absorber abgestimmt sind, typischerweise nah am sichtbaren Spektrum liegen, fällt dieser teilweise in die Absorptionsbande des jeweiligen Absorbers. Die Transparenz des Kunststoffs bleibt damit auch mit Infrarot-Absorbern nie unbeeinträchtigt.

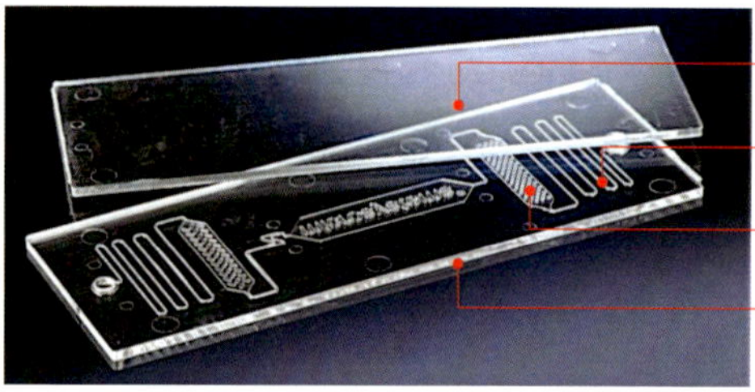

Bild 2: Grundbausteine eines LoC-Bauteils, Quelle: z-microsystems

Eine Möglichkeit, Kunststoffteile ohne Modifikation ihrer optischen Eigenschaften im Durchstrahlverfahren miteinander zu verschweißen, besteht darin, deren intrinsisches Absorptionsvermögen im nahen Infrarot (NIR) durch entsprechende Laserquellen auszunutzen. Dabei stellt sich die Frage, wie die Strahlungsenergie ortsselektiv im Fügebereich deponiert werden kann. Anders als beim Schweißen eines lasertransparenten mit einem laserabsorbierenden Teil, existiert bei zwei optisch gleichen Fügeteilen kein Bereich, in dem die Strahlung bevorzugt absorbiert wird. Die Absorption erfolgt im gesamten Wirkbereich der Laserstrahlung, so dass Fügepartner über den gesamten Querschnitt erwärmt werden (Bild 3). Ein solcher Energieeintrag kann aus unterschiedlichen Gründen ungünstig sein. Durch die abnehmende Strahlungsintensität im Kunststoffinneren sind höhergelegene Schichten stets einer höheren Intensität ausgesetzt. Auf der bestrahlten Oberfläche kann somit eine thermische Zersetzung einsetzen, bevor der Kunststoff in der Fügeebene den Schmelzpunkt erreicht. Ferner kann sich der erwärmte Kunststoff zur Oberfläche hin frei ausdehnen und dort einen unerwünschten Wulst bilden (Bild 3, 2a). Dieser beeinträchtigt nicht nur die Form und Optik der bestrahlten Oberfläche, sondern wirkt sich auch auf den Spannungszustand im Bauteil aus, der besonders bei flachen Bauteilen schnell zu Verzug führen kann (Bild 3, 1a).

Bild 3:
Wulstbildung und Verzug beim absorberfreien Schweißen im Vergleich zum konventionellen Laserdurchstrahlschweißen

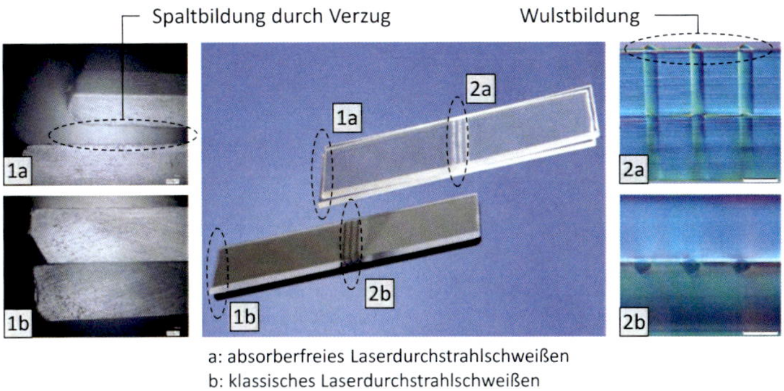

Das Ziel dieser Arbeit ist es daher, den klassischen Prozess des Laserdurchstrahlschweißens so weiter zu entwickeln, das transparente Kunststoffteile ohne Zusatzstoffe sicher und ohne Beeinträchtigung miteinander gefügt werden können. Die wissenschaftlichen Fragestellungen, die es in dem Zusammenhang zu beantworten gilt, sind:

- **Welche prozess- und materialseitigen Faktoren beeinflussen den Energieeintrag?**

- **Wie ist die Wechselwirkung dieser Faktoren bezogen auf die Volumenselektivität des Energieeintrags?**

Bei Erreichen des Ziels stünde ein Verfahren zur Verfügung, das bereits in seiner klassischen Form gegenüber konkurrierenden Fügeverfahren viele prozesstechnische Vorteile aufweist. Durch die Entwicklung einer Prozess- und Anlagentechnik, die keine Zusatzstoffe benötigt, könnte der bislang größte Nachteil des Verfahrens beseitigt und der Einsatz auf Bereiche wie z.B. LoC-Anwendungen ausgeweitet werden, bei denen Zusatzstoffe oftmals nicht zulässig sind. Für die industrielle Akzeptanz der neuen Fügetechnik ist die Beherrschung des Prozesses eine wichtige Voraussetzung, die nur durch ein fundiertes Prozessverständnis erreicht werden kann. Dieses soll im Rahmen dieser Arbeit erarbeitet werden. Ferner sollen die Möglichkeiten und Grenzen des Verfahrens aufgezeigt werden, um den potentiellen Anwender bei der Entscheidung unterstützen zu können, ob das Fügeverfahren für seine Applikation geeignet ist.

2 Stand der Technik und Forschung

2.1 Fügeverfahren für mikrofluidische Bauteile

Das Schließen der offenen Kanalstrukturen zählt zu den letzten Schritten in der Fertigung mikrofluidischer Bauteile. Da die Wertschöpfung zu diesem Zeitpunkt bereits weit fortgeschritten ist, ist eine robuste Fügetechnik gefragt, mit der die Bauteile sicher und zudem wirtschaftlich versiegelt werden können. Zur Wahl stehen diverse Verfahren, die sich beispielsweise in mechanische, thermische und klebtechnische Verfahren unterteilen lassen. Bei Einwegartikeln, wie es LoC-Anwendungen typischerweise sind, ist der Einsatz mechanischer Fügeverfahren in der Regel unwirtschaftlich. Fügemittel wie Schrauben verursachen nicht nur zusätzliche Kosten, es muss für sie auch zusätzlicher Bauraum vorgesehen werden, der die Bauteilkosten weiter erhöht. Klebeverfahren haben grundsätzlich den Vorteil, dass verschiedene Materialpaarungen ohne thermischen Verzug miteinander verbunden werden können. Zu den Nachteilen des Klebens zählt die meist notwendige Vorbereitung der Fügeflächen und die vergleichsweise lange Prozesszeit, bis der Klebstoff ausgehärtet und die Verbindung belastbar ist. Bei mikrofluidischen Bauteilen birgt der Einsatz von Klebstoffen zudem die Gefahr, dass diese beim Aufeinanderpressen der Fügeteile durch Quetschfluss in die Kanäle gelangen. Durch das Eindringen des Klebstoffs wird nicht nur der Kanalquerschnitt verkleinert oder gar verschlossen, es kann später auch zu unerwünschten Wechselwirkungen mit den darin transportierten Flüssigkeiten kommen. Bei spektralen Analyseverfahren wie der Fluoreszenzspektroskopie, kann die Eigenfluoreszenz des Klebstoffs das eigentliche Messsignal überlagern und so die Auswertung beeinträchtigen [20]. Um das Risiko potentieller Wechselwirkungen zu umgehen, sind deshalb Fügeverfahren, die ohne Zusatzstoffe auskommen, besser geeignet.

Eines dieser Verfahren ist das **Heißsiegeln**, auch als Laminieren bezeichnet, bei dem die Deckschicht mithilfe einer temperierten Walze oder Platte auf das Substrat gepresst wird. Die Wärme gelangt über Wärmeleitung zur Unterseite der Deckschicht, die zumeist mit einem niedrigschmelzenden Kunststoff beschichtet ist. Die Deckschicht selbst besteht aus einem temperaturbeständigen Kunststoff, dessen Schmelztemperatur beim Fügen nicht erreicht wird. Aufgrund der indirekten Energieeinbringung und der schlechten Wärmeleitfähigkeit von Kunststoffen, sollte die Deckschicht nicht zu dick sein, um die Wärme schnell zur Fügeebene transportieren zu können. Die Herausforderung beim Heißsiegeln besteht darin, den Quetschfluss der plastifizierten Kunststoffschicht so zu kontrollieren, dass keine Schmelze in die Kanalstrukturen des Substrats eindringt und diese verstopft. Zu berücksichtigen ist, dass sich die Wärmeeinwirkung auf die Deckschicht nur sehr schlecht lokal eingrenzen lässt und damit auch das darunterliegende Substrat vollflächig erwärmt wird. Entsprechend sollten sich darauf keine thermisch empfindlichen Komponenten oder Reagenzien befinden [21].

Eine Möglichkeit zwei Fügeteile ohne Wärmeeintrag miteinander zu verschweißen ist das **Lösungsmittelschweißen**. Hierbei werden die Fügeflächen mit einem Lösungsmittel benetzt und nach kurzer Einwirkdauer aufeinander gepresst. Die gelösten Randschichten vermischen sich und bilden nach dem Herausdiffundieren des Lösungsmittels einen homogenen Materialverbund. Die Herausforderung dieses Verfahrens besteht darin, das Lösungsmittel präzise und in der richtigen Menge auf die Fügeflächen aufzutragen. Speziell bei kleinskaligen LoC-Bauteilen mit komplex verzweigten Kanalstrukturen ist die Gefahr groß, dass diese durch unpräzisen Auftrag des Lösungsmittels beschädigt werden [20].

Das **Ultraschallschweißen** ist ein Verfahren, das sich besonders durch kurze Prozesszeiten auszeichnet. Die Verschweißung der Fügeteile wird dadurch erreicht, dass hochfrequente mechanische Schwingungen mithilfe einer Sonotrode eingekoppelt werden, die den Kunststoff durch Molekular- und Grenzflächenreibung erwärmen. Um die Fügebereiche gezielt zu erwärmen, werden sie konstruktiv hervorgehoben und so die Ultraschallenergie dort fokussiert. Diese hervortretenden Bauteilbereiche, die sogenannten Energierichtungsgeber, schmelzen während des Fügens ab, bis die Fügeteile ihre Endlage zueinander erreicht haben. Dabei kommt es zum Quetschfluss der Schmelze und zu einer durch Grenzflächenreibung verursachten Partikelemission, die bei mikrofluidischen Anwendungen kritisch sein können. Ebenso kritisch können die hochfrequenten Schwingungen für die Integrität schwingungsempfindlicher Komponenten sein, die im Bauteil eingebettet sind [22].

Die Neigung glatter Oberflächen durch das Wirken von Nebenvalenzkräften aneinander zu haften, wird beim **Bonden** ausgenutzt, um Kunststoffteile ohne Zusatzstoffe miteinander zu verbinden. Bei unbehandelten Flächen ist die Haftung gering. Durch eine zusätzliche Vorbehandlung z.B. mittels Sauerstoffplasma, können die Fügeflächen derart modifiziert werden, dass sie bei moderaten Temperaturen eine feste Verbindung eingehen. Die Zeit, die die Fügeteile brauchen, um unter

Druck- und Temperatureinwirkung die Verbindung auszubilden, kann einige zehn Minuten betragen. Im Hinblick auf eine Serienfertigung ist die Prozesszeit damit einer der wesentlichen Nachteile dieses Fügeverfahrens [23].

Das Durchstrahlschweißen von zwei Kunststoffteilen war bislang nur dann möglich, wenn die Kunststoffmatrix eines der beiden Fügeteile durch Zusatzstoffe zur Absorption der Laserstrahlung befähigt wurde. Die Absorption von Laserstrahlung kann jedoch auch erreicht werden, indem die intrinsischen Absorptionseigenschaften des Kunststoffs durch Laserstrahlung mit geeigneter Wellenlänge gezielt ausgenutzt werden. Dieser Ansatz wird in der vorliegenden Arbeit verfolgt, um mithilfe von angepasster Anlagentechnik und Prozessführung die Grenzen des konventionellen Laserdurchstrahlschweißens derart zu erweitern, dass auch optisch gleiche Kunststoffteile miteinander verschweißt werden können. Dadurch ließe sich eine größere Flexibilität bei der Farbgestaltung erreichen, da der Farbstoff aus Prozesssicht keine Funktion (Absorption der Laserstrahlung) mehr zu erfüllen hätte und vorwiegend nach visuellen Anforderungen ausgewählt werden könnte (Bild 4).

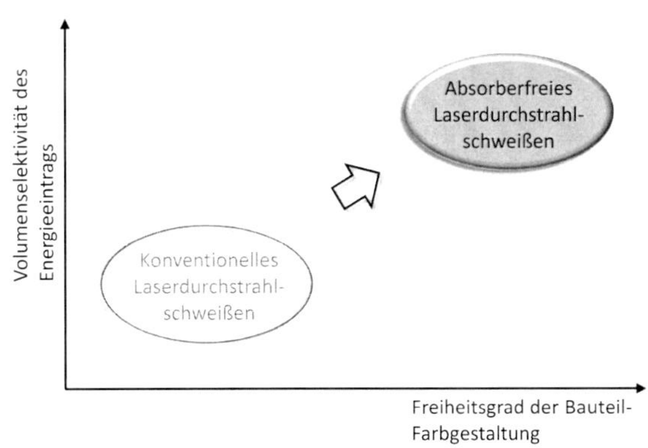

Bild 4: Potential des absorberfreien gegenüber dem klassischen Laserdurchstrahl-schweißen

Der fehlende Übergang der optischen Eigenschaften im Kontaktbereich der Fügeteile stellt beim absorberfreien Schweißen eine neue Herausforderung dar, weil der Energieeintrag in Strahlrichtung nicht mehr auf die Kontaktebene der Fügeteile beschränkt ist. Dieser Aspekt ist nicht als Nachteil, sondern als ein zusätzlicher Freiheitsgrad gegenüber dem klassischen Lasererdurchstrahlschweißen zu sehen

(Bild 4). Gelingt es unter diesen Bedingungen den Energieeintrag so zu steuern, dass das Kunststoffvolumen an einer beliebigen Stelle selektiv erwärmt werden kann, so wäre es beispielsweise denkbar, mehrlagige transparente LoC-Bauteile in einem Arbeitsschritt zu schweißen.

Bauteile, die Biokompatibilitätsanforderungen erfüllen müssen, würden von dem neuen Verfahren insofern profitieren, dass keine zusätzlichen Prüfverfahren zu durchlaufen wären, wenn der verwendete Kunststoff biokompatibel ist. Beim konventionellen Laserdurchstrahlschweißen gilt das nicht, selbst wenn sowohl der absorptionssteigernde Zusatzstoff als auch der verwendete Kunststoff für sich biokompatibel sind. Da diese bei Erwärmung miteinander wechselwirken und toxische Stoffe bilden könnten, schreibt das Gesetz aufwändige Prüfverfahren vor, um die Sicherheit für den Patienten sicherzustellen.

2.2 Klassisches Laserdurchstrahlschweißen

2.2.1 Verfahrensprinzip

Je nach Anordnung der Fügepartner wird beim Laserschweißen von Kunststoffen grundsätzlich zwischen zwei Arten unterschieden, dem Schweißen im Überlapp- oder im Stumpfstoß. Letzteres ist dem Heizelementschweißen sehr ähnlich, nutzt jedoch Laser- statt Wärmestrahlung für die Erwärmung der Fügeflächen [24]. In der industriellen Praxis hat sich das Verfahren gegenüber dem Heizelementschweißen aufgrund fehlender Vorteile und hoher Anlagenkosten lange Zeit nicht durchsetzen können. Immer komplexere und höher integrierte Teile bringen das Heizelementschweißen jedoch zunehmend an seine technischen Grenzen und erfordern Fügeverfahren, mit denen sich die Fügeflächen präzise und schwingungsfrei erwärmen lassen. Laserstrahlung bietet gegenüber der diffusen Wärmestrahlung beim Heizelementschweißen den Vorteil, dass sie sich sowohl zeitlich als auch örtlich definiert einbringen lässt und dadurch die Bereiche nahe der Fügezone thermisch kaum belastet werden. Auf der K-Messe 2016 präsentierte die Firma Bielomatik eine neue Schweißanlage, die das Konzept des laserbasierten Stumpfstoßschweißens wieder aufgreift [25]. Nicht zuletzt durch die derweil konkurrenzfähigen Preise für Strahlquellen und Peripherie sind die Vorteile des Werkzeugs Laser wieder in den Vordergrund gerückt und brachten der vorgestellten Anlage viel Zuspruch [26]. Es ist daher davon auszugehen, dass das Verfahren in Zukunft an Bedeutung gewinnen wird. Da der Fokus der Arbeit auf dem Schweißen im Überlappstoß liegt, wird auf das Stumpfstoßschweißen nicht weiter eingegangen und der interessierte Leser auf entsprechende Quellen [24] verwiesen.

Das Prinzip des klassischen Laserdurchstrahlschweißens basiert auf unterschiedlichen optischen Eigenschaften der zu schweißenden Kunststoffteile. Eines der Teile ist für die Laserstrahlung weitestgehend transparent, während das andere Teil über ein ausgeprägtes Absorptionsvermögen im Spektralbereich der verwendeten Laserstrahlung verfügt. Durch die Anordnung derart beschaffener Fügeteile im Überlappstoß kann der Laserstrahl durch das lasertransparente Teil zur Grenzfläche gelangen, wo dessen optische Energie von dem laserabsorbierenden Teil in Prozesswärme umgewandelt wird (Bild 5).

Bild 5:
Prinzip des Laserdurchstrahl-schweißens (Konturschweißen)

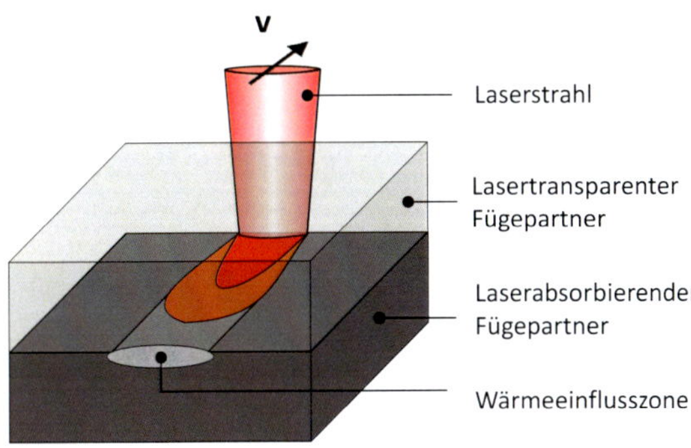

Sobald der Laserstrahl das lasertransparente Teil passiert hat und von dem darunterliegenden Teil absorbiert wurde, dehnt sich das wechselwirkende Materialvolumen infolge der Erwärmung aus. Restspalte, die aufgrund von Fertigungstoleranzen oder der Oberflächenrauheit zwischen den Fügeteilen auftreten können, werden so überbrückt und die Kontaktfläche vergrößert. Der im Anschluss erfolgende Wärmeaustausch zwischen den Fügeteilen bewirkt ein lokales Aufschmelzen des Fügebereichs. Die in der Schmelzphase erhöhte Beweglichkeit der Molekülketten sorgt schließlich dafür, dass die Schmelzphasen beider Fügepartner ineinander diffundieren und eine stoffschlüssige Verbindung eingehen [27]. Wichtig für die Ausbildung einer fehlerfreien Naht ist, dass der aufgebrachte Fügedruck auch in der Abkühlphase aufrechterhalten wird, um der Entstehung von Lunkern entgegenzuwirken, die durch thermisch induzierte Kontraktion des Materials verursacht werden.

2.2.2 Strahlungsabsorber für das Laserdurchstrahlschweißen

Typischerweise werden für das Laserdurchstrahlschweißen Dioden-, Nd:YAG- und Faserlaser mit Emissionswellenlängen zwischen 800-1100 nm verwendet. Der Grund dafür ist die hohe Transmissivität der meisten Kunststoffe in diesem Spektralbereich, die ausgenutzt wird, um das oben liegende Fügeteil möglichst verlustarm durchstrahlen zu können (Bild 6). Da in der Regel beide Fügeteile aus dem gleichen Kunststoff bestehen und für die eingesetzte Strahlung somit zunächst gleichermaßen transparent sind, muss die Kunststoffmatrix des unteren Fügeteiles modifiziert werden, um sie zur Absorption der Strahlung zu befähigen. Dazu werden der Kunststoffmatrix Absorber, also absorptionssteigernde Zusatzstoffe, beigemischt.

Bild 6: Transmissionsspektren ausgewählter Kunststoffe

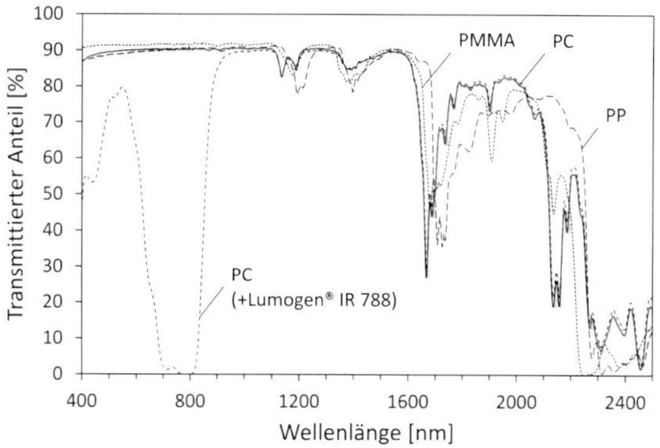

Als kostengünstiges und effektiv absorbierendes Pigment hat sich seit jeher Ruß etablieren können. Ruß verfügt über ein gleichbleibend hohes Absorptionsvermögen vom ultravioletten bis zum infraroten Spektralbereich und absorbiert dadurch die Strahlung aller gängigen Laserquellen gleichermaßen. Charakteristisch für Ruß ist seine dominante Eigenfarbe, die selbst bei geringen Dosierungen zu einer Dunkelfärbung der Kunststoffmatrix führt und die Farbgebung des Bauteils somit stark eingrenzt. Folglich findet Ruß hauptsächlich dort Einsatz, wo an die Optik des Bauteils keine besonderen Anforderungen gestellt werden. Ein Beispiel dafür sind Sensor-, Filtergehäuse oder Ölbehälter im Motorraum von Fahrzeugen, bei denen es vorrangig auf Wirtschaftlichkeit und Qualität der Fügeverbindung ankommt [28]. Anders sieht es bei Konsumartikeln aus, deren Design oft ein Alleistellungsmerkmal bildet, das in der Gestaltung möglichst frei und nicht durch Zusatzstoffe eingegrenzt sein sollte. Für solche Anwendungen wurden spezielle Absorber entwickelt, die Strahlung im nahen Infrarot selektiv absorbieren und im sichtbaren Spektrum nur eine vergleichsweise geringe Eigenfarbe aufweisen. Abhängig von der Dosierung dieser Absorber kann die natürliche Farbe der Kunststoffmatrix weitestgehend erhalten werden, auch wenn sich ein gewisser Farbstich nicht gänzlich vermeiden lässt (Bild 7).

Bei der Dosierung gilt es in erster Linie die Absorption der Kunststoffmatrix auf ein ausreichend hohes Niveau anzuheben. Ist die Konzentration des Absorbers zu gering, bleibt der Farbeinfluss auf die Kunststoffmatrix zwar gering, allerdings auch das Absorptionsvermögen d.h. die Strahlung dringt tiefer in das Bauteil ein und erwärmt ein größeres Materialvolumen. Das kann zur Beeinträchtigung von Bauteilelementen nahe der Fügezone führen, sei es durch die thermische Last an sich oder durch die wärmeinduzierte Ausdehnung des Kunststoffs. Letztere kann beispielsweise bei LoC-Bauteilen dazu führen, dass Fließkanäle, die entlang ihrer Außenkontur verschweißt werden, sich verformen oder schlimmstenfalls durch eindringende Schmelze geschlossen werden [29].

Bild 7: Farbeinfluss ausgewählter NIR-Absorber auf die Kunststoffmatrix am Beispiel von Polycarbonat

Ohne Absorber

Lumogen IR 788 (0,04 %)
Absorber-Typ: Farbstoff

Indiumzinnoxid (0,01 %)
Absorber-Typ: nanopartikuläres Metalloxid

Derzeit in der industriellen Praxis eingesetzte NIR-Absorber lassen sich anhand ihres chemischen Aufbaus bestimmten Typen zuordnen, von denen jeder über individuelle Vor- und Nachteile verfügt (Tabelle 1). Unter den aufgeführten Typen weist Ruß als einziger kein selektives Absorptionsverhalten auf und ist in dem Sinne kein NIR-Absorber. Da sein breitbandiges Absorptionsspektrum allerdings auch den NIR-Bereich umfasst, wird er der Vollständigkeit halber in der Übersicht mit aufgeführt.

Ob sich ein Absorber-Typ für eine bestimmte Applikation eignet, hängt zunächst von der Wellenlänge der eingesetzten Strahlquelle ab. Viele Absorber sind auf eine bestimmte Laserwellenlänge abgestimmt und haben nur ein sehr schmales Absorptionsband. So weist z.B. der Absorber Lumogen® IR 788 nm der Firma BASF bei der klassischen Diodenlaser-Wellenlänge 808 nm eine hohe Absorption auf. Bei 940 nm, einer beim Kunststoffschweißen ebenfalls gängigen Wellenlänge, ist der Kunststoff wieder transparent und ohne nennenswerte Absorption (Bild 6).

Absorber-Typ	**Absorptions-bereich [nm]**	**Typ. Einsatz-konzentration [%]**	**Temperatur-stabilität**	**Eigenfarbe**
Ruß	UV/Vis/NIR	0,3-0,5	++	Schwarz (deckend)
Beschichteter Glimmer	900-1100	0,2-1,0	+	Weiß (deckend)
Kupferhydroxy-phosphate	800-1500	0,5-1,0	-	Grünlich (transluzent bis deckend)
Nanopartikuläre Metalloxide	900-1700	0,01-0,05	++	Bläulich/grünlich (transparent)
Farbstoffe	800-1000	0,01-0,05	+	Blau/Grün/Braun (transparent)

Tabelle 1: Industriell gängige NIR-Absorber-Typen [30]

Die thermische Beständigkeit des Absorbers ist eine weitere wichtige Eigenschaft, die es zu berücksichtigen gilt. Eine hohe Temperaturbelastung während der Verarbeitung im Extrusions- oder Spritzgießprozess kann die Wirksamkeit des Absorbers derart herabsetzen, dass sich das Bauteil anschließend nicht mehr verschweißen lässt. Besonders bei Hochleistungskunststoffen wie Polysulfon stoßen viele Absorber aufgrund der sehr hohen Verarbeitungstemperaturen an ihre Grenzen [31]. Anwendungen, in denen eine mangelnde Temperaturstabilität des Absorbers besonders kritisch sein kann, sind z.B. Implantate, In-vitro-Diagnostika und Anwendungen mit Lebensmittelkontakt. Denn verantwortlich für die Änderung des Absorptionsverhaltens ist in der Regel eine thermische Schädigung der Absorber-Moleküle, die bei Überschreitung der maximalen Einsatztemperatur einsetzt. Dabei entstehen Abbauprodukte, deren Eigenschaften aufgrund möglicher Wechselwirkungen mit der Kunststoffmatrix und den darin enthaltenen Additiven nur sehr schwer einzuschätzen sind. Um auszuschließen, dass diese für den Nutzer oder die Funktion des Produkts kein Risiko darstellen, schreibt der Gesetzgeber oftmals umfangreiche und kostenintensive Nachweistests vor [32]. Die wichtigsten Regelwerke zur Beurteilung der Biokompatibilität sind die DIN EN ISO 10993 und die United States Pharmacopeia (USP) Class VI.

Bei der Wahl des Absorbers spielt auch die Migration, also die Affinität des Absorbers zur Oberfläche des Werkstücks zu wandern, eine Rolle. Ein toxischer Absorber, dessen Konzentration bei homogener Verteilung in der Kunststoffmatrix unkritisch ist, kann sich durch Migration auf der Werkstückoberfläche auf ein kritisches Maß anreichern und so zu einem gesundheitlichen Risiko für den Anwender werden. Migrationsbedingte Konzentrationsschwankungen des Absorbers auf der Fügefläche können auch für den Schweißprozess negative Folgen haben. In Bereichen mit einer hohen Absorberkonzentration wird mehr Laserstrahlung absorbiert als in jenen mit einer niedrigeren Konzentration. Demnach kann es entlang der Schweißbahn zu einer inhomogenen Nahtausbildung oder gar Fehlstellen wie Nahtlücken oder Verbrennungen kommen. Migrationsfähig sind in der Regel nur Farbstoffe, da sie in der Kunststoffmatrix löslich sind und sich so in ihr bewegen können. Wie stark Migration auftritt, hängt maßgeblich von der Polarität der Kunststoffmatrix ab. Sie ist in unpolaren Kunststoffen wie den Polyolefinen am stärksten ausgeprägt, weshalb sich Farbstoffe als Absorber für diese Kunststoffe nicht gut eignen. Besser geeignet sind in dem Fall partikuläre Absorber-Typen (In Tabelle 1 alle bis auf die Farbstoffe), die sich im Kunststoff nicht lösen und als disperse Phase vorliegen. Migrationsvorgänge sind hier ausgeschlossen, da die Absorberpartikel in der Kunststoffmatrix eingeschlossen sind [32].

Ist der Kreis potentieller Absorber durch prozess- und anwendungsspezifische Aspekte eingegrenzt worden, kann die weitere Auswahl nach visuellen und wirtschaftlichen Gesichtspunkten erfolgen. Grundsätzlich gilt, dass die Transparenz einer modifizierten Kunststoffmatrix nur bei Farbstoffen erhalten bleibt. Partikelförmige Absorber streuen das Licht und führen dadurch zu einer Trübung des Kunststoffs. Eine Ausnahme bilden die nanopartikulären Metalloxide, die sichtbares Licht aufgrund ihrer geringen Partikelgröße nicht nennenswert streuen (Bild 7). Wesentlicher Nachteil transparenter Absorber ist der hohe Preis, der teils um Größenordnungen über dem von Ruß liegt und insbesondere bei großvolumigen Bauteilen hohe Kosten verursachen kann [30].

2.2.3 Verfahrensvarianten

Mit den Anforderungen der Industrie hat sich auch das Laserdurchstrahlschweißen stetig weiterentwickelt und diverse Verfahrensvarianten ausgeprägt, die das Durchstrahlprinzip nutzen, sich allerdings hinsichtlich Strahlformung und -führung unterscheiden. Die drei wesentlichen Varianten sind das Kontur-, das Simultan- und das Quasisimultanschweißen (Bild 8), die nachfolgend vorgestellt werden sollen [33].

Das **Konturschweißen** ist die ursprüngliche und industriell am weitesten verbreitete Form des Laserdurchstrahlschweißens (Bild 8), die sich dadurch auszeichnet, dass der Laserstrahl ein einziges Mal entlang der Schweißbahn geführt wird [34]. Der im Prozessverlauf bestrahlte Konturabschnitt schmilzt und erstarrt unmittelbar nachdem der Laserstrahl ihn passiert hat (vgl. Bild 5). Die Fügefläche befindet sich also immer nur punktuell in schmelzflüssigem Zustand, weshalb es zwischen den Fügeteilen keinen Fügeweg wie z.B. beim Ultraschallschweißen gibt. Aufgrund des fehlenden Fügeweges müssen die Fügeteile sehr kleine Formtoleranzen einhalten, da durch die thermische Ausdehnung der Schmelze nur Reststpalte von wenigen zehn Mikrometern überbrückt werden können [35, 36]. Andererseits wird ohne Fügeweg auch kein Quetschfluss zwischen den Fügeteilen erzeugt, woraus eine optisch homogene Schweißnaht resultiert [37].

Bild 8: Grundlegende Verfahrensvarianten des Laserdurchstrahl-schweißens [38]

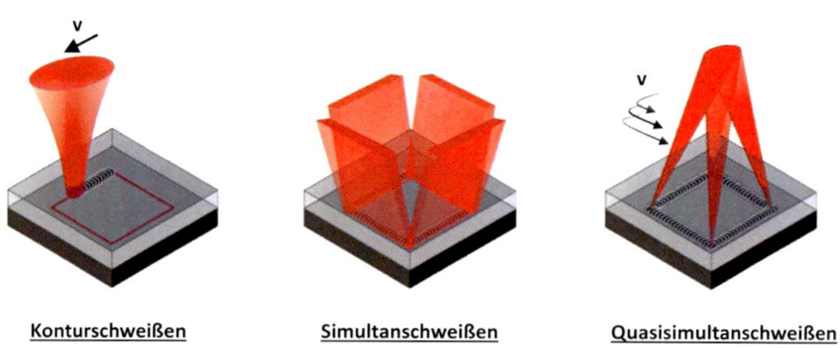

Die Bewegung des Laserstrahls kann durch Führung einer fasergekoppelten Fokussieroptik mithilfe eines Handlingsystems (Kreuztisch, Mehrachsroboter), durch einen Galvanometerscanner oder durch Kombination aus beidem erfolgen. Handlingsysteme bieten den Vorteil größerer Bearbeitungsfelder und eignen sich daher besonders für das Schweißen großflächiger Bauteile. Bei Bewegung großer Massen wirken allerdings Trägheitskräfte, die bei Richtungswechseln zu einem

Geschwindigkeitsabfall führen. Ohne eine entsprechende Korrektur der Leistung kann der höhere Energieeintrag in Bereichen niedriger Geschwindigkeit zu einer thermischen Schädigung des Kunststoffs führen. Dynamisch günstigere Eigenschaften bieten Galvanometerscanner, deren Ablenkspiegel eine wesentlich geringere Masse und folglich Trägheit aufweisen und dadurch eine schnellere sowie gleichmäßigere Strahlführung ermöglichen.

Beim **Simultanschweißen** wird die gesamte Schweißkontur zeitgleich bestrahlt. Zwischen dem Laserstrahl und dem Werkstück findet keine Relativbewegung statt, so dass keine Handling- und Strahlführungssysteme notwendig sind. Die Herausforderung beim Simultanschweißen besteht darin, über die gesamte Schweißbahn eine homogene Intensitätsverteilung und damit Erwärmung zu erzielen. Geometrisch einfache Schweißkonturen wie Rechtecke können durch eine der Kontur entsprechende Anordnung einzelner Diodenlaser mit linienförmigem Fokus bestrahlt werden. Die Möglichkeit, die Strahlung von Diodenlasern mithilfe von Lichtleitfasern transportieren zu können, erlaubt es zudem, auch komplexere Konturen zu bestrahlen. Dazu wird die Laserstrahlung in ein Bündel von Lichtleitfasern eingekoppelt, deren Enden sich flexibel entlang der Schweißkontur anordnen lassen (Bild 9).

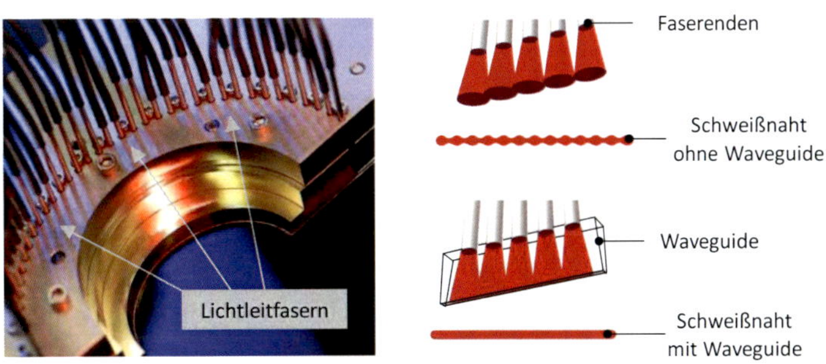

Bild 9: In eine Spannwerkzeug eintretende Lichtleitfasern (links), Schweißnaht mit und ohne einen Waveguide (rechts), Quelle: Branson Ultrasonic Corp.

Allerdings weist die resultierende Intensitätsverteilung oftmals eine unzureichende Homogenität auf, die sich auf die Ausprägung der Schweißnaht auswirkt. Um eine „Durchmischung" der aus den Faserenden austretenden Intensitätsverteilungen zu erreichen, können sogenannte Waveguides eingesetzt werden. Dabei handelt es sich um kammerförmige Strukturen, in denen das Strahlungsfeld durch Mehrfachreflexion homogenisiert wird, bevor es auf das Werkstück trifft [39, 40].

Komplex geformte und dennoch homogene Intensitätsverteilungen können auch durch den Einsatz diffraktiver optischer Elemente (DOE) erreicht werden. Dabei handelt es sich um optische Komponenten, die das physikalische Prinzip der Beugung nutzen, um eine punktförmige Strahlintensitätsverteilung in die Form der Schweißkontur zu überführen [41, 42]. Ebenfalls eine Möglichkeit stellen flächenemittierende Diodenlaser (VCSEL) dar, mit denen große Flächen nahezu homogen bestrahlt werden können [43]. Die gewünschte Intensitätsverteilung wird durch eine Maske zwischen dem Flächenstrahler und dem Bauteil erreicht, welche die Bereiche außerhalb der Schweißkontur vor der Strahlung abschattet.

Der Vorteil einer simultanen Bestrahlung der Fügefläche ist die sehr kurze Schweißzeit. Mangelnde Flexibilität hinsichtlich der Schweißkontur kann zwar generell als Nachteil gesehen werden, ist in der Massenfertigung allerdings auch nicht vorrangig, weshalb das Verfahren vorzugsweise dort zum Einsatz kommt. Anders als beim Konturschweißen, kann durch die zeitgleiche Plastifizierung der Schweißkontur ein Fügeweg realisiert werden, durch den Spalte zwischen den Fügepartnern überbrückt werden können. Ferner lässt sich der Fügeweg als Regelgröße für die Prozessüberwachung bzw. -regelung nutzen.

Das **Quasisimultanschweißen** ist eine hochdynamische Verfahrensvariante, bei der ein fokussierter Laserstrahl mehrfach und mit einer hohen Geschwindigkeit entlang der Schweißkontur geführt wird. Für die schnelle Strahlführung von bis zu 10 m/s werden fast ausschließlich Galvanometerscanner eingesetzt [44]. Erforderlich sind auch leistungsstärkere Laserquellen, um innerhalb der sehr kurzen Wechselwirkungszeiten ausreichend Energie in der Fügezone deponieren zu können [45]. Das Ziel der schnellen zyklischen Bestrahlung (typischerweise > 10 s^{-1}) besteht darin, entlang der gesamten Schweißbahn eine möglichst homogene Temperaturverteilung zu erzielen [46]. Dabei wird die schlechte thermische Leitfähigkeit von Kunststoffen gezielt ausgenutzt, um Wärme über den Zeitraum der zyklischen Bestrahlung zu akkumulieren. So nimmt die Temperatur mit jeder Überfahrt schrittweise zu, bis schließlich der Schmelzpunkt des Kunststoffs erreicht wird (Bild 10). Ähnlich wie beim Simultanschweißen, wird auch hier der Kunststoff entlang der Schweißbahn zeitgleich plastifiziert und so ein Setzweg zwischen den Fügeteilen erreicht [38]. Durch die schnelle und flexible Strahlführung sowie die hohe Spalttoleranz, ist das Quasisimultanschweißen, neben dem Konturschweißen, die am weitesten verbreitete Verfahrensvariante in der Serienfertigung [47]. Mithilfe moderner 3D-Scanner können neben planen Schweißkonturen auch solche mit Höhensprüngen bearbeitet werden. Das Verfahren unterliegt allerdings auch einigen

Restriktionen, die es zu beachten gilt. So ist die Größe des Bauteils durch das Arbeitsfeld des Scanners bzw. der Bearbeitungsoptik begrenzt und sollte eine Fläche von 400x400 mm^2 nicht überschreiten [48].

Bild 10: Schematischer Verlauf der Temperatur beim Quasisimultan-schweißen

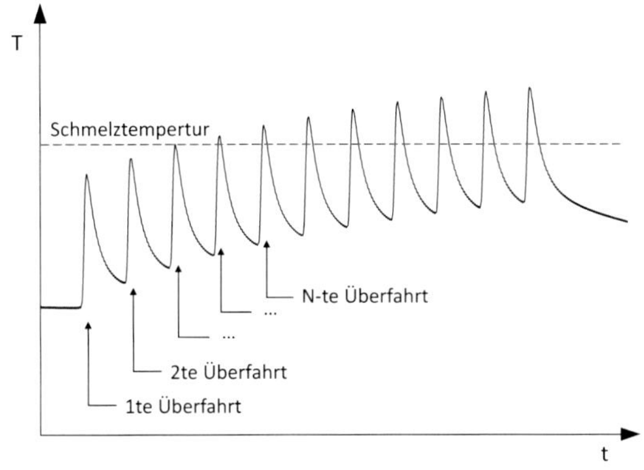

Die Bestrahlung größerer Bereiche ist zwar mit entsprechenden Objektiven prinzipiell möglich, führt jedoch zu einem größeren Fokusdurchmesser und einer schlechteren Konturtreue, insbesondere bei hohen Vorschubgeschwindigkeiten [49]. Ebenfalls zu berücksichtigen ist die Strahlneigung, die zum Rand des Arbeitsfeldes zunimmt, sofern kein telezentrisches Objektiv verwendet wird. Besonders beim Durchstrahlen dickwandiger Teile trifft der Laserstrahl aufgrund von Brechung (siehe Kap. 3.1) an der Einstrahlfläche immer weiter von der Zielstelle auf, je größer der Neigungswinkel ist, was sich neben der Konturtreue auch auf die Intensitätsverteilung des Laserstrahls in der Fügeebene auswirkt. Die Länge der Schweißkontur ist ebenfalls entscheidend, denn mit ihr wachsen die Strahlgeschwindigkeit und Laserleistung, die erforderlich sind, um die Wärme im Kunststoff akkumulieren zu können.

Der Vollständigkeit halber seien an dieser Stelle weitere Verfahrensarten kurz erwähnt, die durch ihre Ausprägung bestimmte Anwendungsbereiche adressieren, in denen die zuvor beschriebenen Bestrahlungsmethoden an ihre Grenzen stoßen:

- Der **TWIST®**-Ansatz (**T**ransmission **W**elding by an **I**ncremental **S**canning **T**echnique) ähnelt dem Konturschweißen, fügt der Vorschubbewegung allerdings eine hochfrequente Lateralbewegung z.B. kreisförmig, hinzu (Bild 11). Die Lateralbewegung dient primär dazu, die Energie homogener über die Schweißnahtbreite zu verteilen. Besonders bei Laserstrahlen mit einer Gaußförmigen Intensitätsverteilung ist der Energieeintrag stark auf die Schweißnahtmitte fokussiert. Mithilfe der Lateralbewegung kann nicht nur eine gleichmäßigere Energieverteilung erreicht werden, es lässt sich auch die Nahtbreite variieren, indem die Amplitude der Lateralbewegung entsprechend angepasst wird [49, 50, 51].

- Beim **Maskenschweißen** wird ein Laserstrahl mit einem Linienfokus über ein Werkstück geführt, auf dessen Oberfläche eine Maske diejenigen Bereiche abschattet, die nicht bestrahlt werden sollen (Bild 11). Damit lassen sich sowohl feine als auch großflächige Schweißnähte realisieren [52, 53].

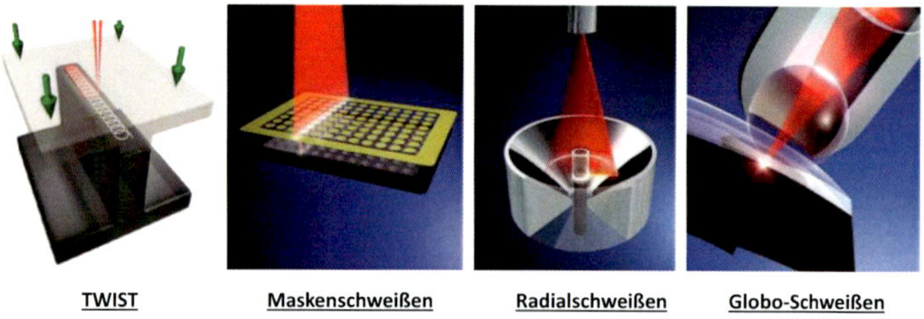

Bild 11: Weitere Verfahrensvarianten des Laserdurchstrahlschweißens schematisch dargestellt, Quellen: [49], Leister

- Unter **Radialschweißen** werden verschiedene Bestrahlungsverfahren zum Fügen rotationssymmetrischer Bauteile zusammengefasst (Bild 11). Ebenso wie bei ebenen Fügeflächen, können auch hier mithilfe entsprechender Strahlformung und -führung die drei grundlegenden Verfahren Kontur-, Simultan und Quasisimultanschweißen realisiert werden [54, 55].

- Das Schweißen großflächiger und unebener Bauteile scheitert oft daran, dass mit konventioneller Spanntechnik keine ausreichend hohe oder homogene Spannkraft aufgebracht werden kann. Beim **Globo-Schweißen** (Bild 11) wird diese Einschränkung durch eine in den Bearbeitungskopf integrierte Glaskugel überwunden, die den Fügedruck anstelle der Spannvorrichtung überträgt [56, 57].

Um den vielfältigen Anforderungen gerecht zu werden, können die genannten Verfahren auch kombiniert oder erweitert werden. So nutzt z.B. die Firma LPKF bei ihrem **Hybridschweißverfahren** einen breitbandigen Strahler, in dessen Strahlungsfeld die Fügeteile konturgeschweißt werden. Die breitbandige Strahlung wird von dem transparenten Fügepartner absorbiert, so dass sich dieser erwärmt und dadurch einfacher und spannungsärmer an das darunterliegende Teil andrücken lässt [58, 59].

2.3 Spanntechnik und Spaltüberbrückbarkeit

Wie bei allen Schweißverfahren, spielt auch beim Laserdurchstrahlschweißen die Spanntechnik eine entscheidende Rolle. Sie sorgt dafür, dass die Kontaktflächen der Fügeteile möglichst spaltfrei aufeinanderliegen und sich so die im laserabsorbierenden Teil generierte Wärme über Wärmeleitung auf das lasertransparente Teil übertragen kann (Bild 5). Die beim Laserdurchstrahlschweißen eingesetzte Spanntechnik lässt sich in zwei Kategorien aufteilen.

Die erste Kategorie umfasst all jene Spannmethoden, bei denen sich das druckbeaufschlagende Element im Strahlengang des Laserstrahls befindet. In der Regel handelt es sich dabei um eine Glasplatte, die den Fügedruck flächig auf die bestrahlte Bauteiloberfläche ausübt und von dem Laserstrahl ohne nennenswerte Verluste durchdrungen wird (Bild 12). Ebenso kann der Fügedruck, wie beim Globo-Schweißen (siehe Kap. 2.2.3), durch eine Glaskugel oder einen Glaszylinder aufgebracht werden.

Bild 12: Prinzipskizze einer direkten (links) und indirekten Verspannung (rechts)

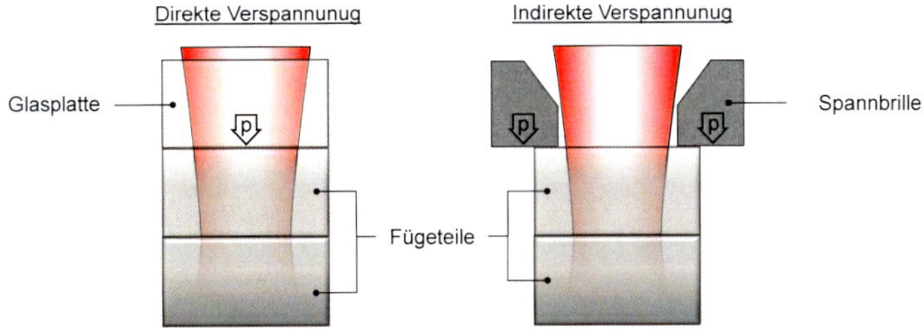

Anstelle von Glas lassen sich auch organische Gläser, also transparente Kunststoffe wie z. B. PMMA verwenden, die sich gegenüber Glas einfacher und günstiger mithilfe spanender Bearbeitung an komplex geformte Bauteiloberflächen anpassen lassen.

Aufgrund des direkt auf die Fügestelle wirkenden Fügedrucks, werden die genannten Spannmethoden im Verlauf der Arbeit als „direkte Verspannung" adressiert.

Nicht jedes Bauteil lässt sich direkt verspannen. Bei bestimmten Geometrien oder zu großen Bauteilen kann es zweckmäßig sein, den Fügedruck indirekt, d.h. abseits der Schweißbahn einzuleiten. Dazu werden sogenannte Spannbrillen verwendet, die den Fügedruck parallel zur Schweißbahn aufbringen oder einzelne Spannelemente, mit denen die Fügeteile punktuell verspannt werden. Im Normalfall sind indirekte Spannelemente nicht transparent und deshalb mit ausreichend großem Abstand zum Strahlengang des Laserstrahls einzusetzen, um die Fügezone nicht vor der Laserstrahlung abzuschatten (Bild 12). Analog zu dem zuvor eingeführten Begriff der direkten Verspannung, wird hier beim Spannen der Fügeteile abseits der Schweißbahn von „indirekter Verspannung" geredet.

Die Aussage zu Beginn dieses Kapitels, dass der Kontaktbereich der Fügeteile möglichst spaltfrei sein sollte, deutet bereits an, dass dieser in Realität nie vollkommen spaltfrei ist, ungeachtet der angewendeten Verspannungsart. Das liegt daran, dass sich Abweichungen vom Nennmaß, besonders bei spritzgegossenen Formteilen nicht gänzlich vermeiden lassen. Sie entstehen vorwiegend durch Schwindung und Verzug der abkühlenden Formmasse, können jedoch auch durch bewegliche Elemente des Formwerkzeugs (Auswerfer, Kerne usw.) verursacht werden. Im Kontaktbereich zweier Fügeteile führen diese Fertigungsungenauigkeiten zu Spalten, die durch den Einsatz von Spanntechnik weitestgehend, jedoch nicht vollständig geschlossen werden. Die zurückbleibenden Restspalte sind beim Laserdurchstrahlschweißen kritisch, weil dort der thermische Kontakt zum lasertransparenten Fügeteil unterbrochen ist. Dieser muss zunächst durch die thermische Ausdehnung des laserabsorbierenden Fügeteils hergestellt werden, damit der für die Schweißnahtbildung erforderliche Wärmetransfer (siehe Kap. 2.2.1) stattfinden kann. In dieser Phase staut sich die Wärme im laserabsorbierenden Fügeteil und es kann lokal zu Verbrennungen kommen. Wie groß die maximale Größe des Restspalts ist, die ohne Überhitzung überbrückt werden kann, hängt letztlich von der thermischen Beständigkeit des Kunststoffs, seinem Wärmeausdehnungskoeffizienten und dem Volumen ab, das mit dem Strahl wechselwirkt. Sie liegt typischerweise im Bereich einiger zehn Mikrometer [60]. Das Simultan- und Quasisimultanschweißen haben gegenüber dem Konturschweißen den zusätzlichen Vorteil, dass die Restspalte nicht nur durch die thermische Ausdehnung des Kunststoffs, sondern auch durch das Setzen der Fügeteile geschlossen werden, das aus der (quasi-) simultanen Erwärmung der Fügefläche resultiert.

2.4 Laserdurchstrahlschweißen optisch gleicher Kunststoffe

2.4.1 Schweißen mit Zwischenschichten

Zwischenschichtverfahren wurden vorrangig mit dem Ziel entwickelt, die Menge des Absorbers zu reduzieren. Während der Rohstoffpreis für Ruß vergleichsweise niedrig ist und sich nur marginal auf die Fertigungskosten des Produktes niederschlägt, kann der Einsatz von NIR-Absorbern als Additiv d.h. als Zusatzstoff in der Kunststoffmatrix sehr kostspielig sein. Eine gezielte Anwendung des Absorbers im Kontaktbereich kann die Einsatzmenge deutlich reduzieren. Zudem werden so Funktion und Optik der Fügeteile voneinander entkoppelt, da die Schweißbarkeit durch die Zwischenschicht gewährleistet wird. Die Farbgebung der Fügeteile hingegen kann beliebig gewählt werden, solange die Transparenz gegenüber der Laserstrahlung erhalten bleibt, um diese bis zur Kontaktebene transportieren zu können.

Absorbierende Zwischenschichten können auf viele Arten realisiert werden. Eine Möglichkeit besteht darin, den verwendeten Kunststoff mit Absorber zu versehen und zu einer Folie zu verarbeiten. Die Folie wird dem Fügegebereich der zu schweißenden Teile entsprechend zugeschnitten und anschließend dort platziert [61, 62]. Ebenso kann eine absorbierende Schicht im Mehrkomponentenspritzgießen direkt bei der Formgebung an das Bauteil gespritzt werden. Die Kostenersparnis für den Absorber wird jedoch in dem Fall durch die deutlich höheren Maschinen-/Werkzeugkosten relativiert. Ein weiteres Verfahren zur Erzeugung einer absorbierenden Schicht ist das Sputtern, bei dem eine feine Kohlenstoffschicht auf der Fügefläche abgelagert wird. Verfahrensbedingt erfolgt die Beschichtung flächig, so dass Bereiche, in denen keine Beschichtung gewünscht ist, durch entsprechende Masken abgeschattet werden müssen [63]. Anstatt sie aufzutragen, kann eine absorbierende Schicht durch gepulste Laserstrahlung auch direkt erzeugt werden. Die hohe Intensität gepulster Strahlung, bringt den Kunststoff dazu, die Strahlung zu absorbieren, obwohl er eigentlich für ihre Wellenlänge transparent ist. Durch diesen Effekt (Multiphotonenabsorption) wird der Kunststoff gezielt thermisch geschädigt und so eine absorbierende Karbonschicht erzeugt, die im Nachgang mit dem Schweißlaser ausgenutzt wird [64]. Die selektive Zerstörung des Kunststoffs beeinträchtigt nicht nur die mechanischen sondern insbesondere auch die optischen Eigenschaften der Schweißnaht, weshalb dieser Methode speziell für transparente Kunststoffe ungeeignet ist. Ein Ansatz, der dem zuletzt genannten ähnlich ist und daher hier kurz erwähnt werden soll, basiert auf einem Additiv für das Lasermarkieren, das von der Firma INNOCABS vermarktet wird. Verglichen mit anderen schmalbandigen Absorbern, besitzt das Additiv von INNOCABS einen vernachlässigbaren Farbeinfluss auf die Kunststoffmatrix und kann konventionell lasermarkiert werden (Bild 13).

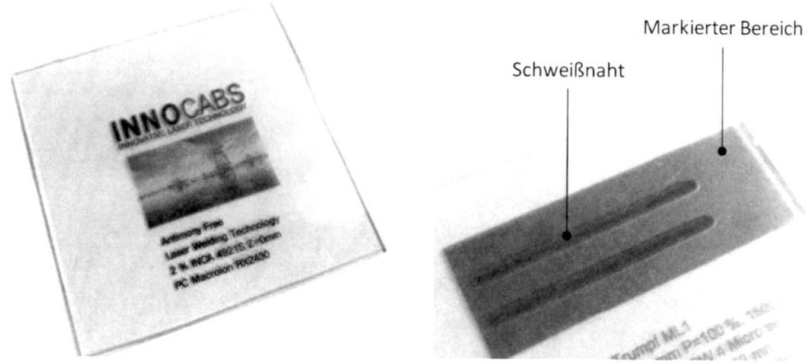

Bild 13: Lasermarkierung auf einer mit INNOCABS additivierten Kunststoffprobe (links), im lasermarkierten Bereich erzeugte Schweißnaht (rechts)

Der beim Markieren erzeugte Farbumschlag führt zu einem Absorptionsanstieg im Spektralbereich der Schweißlaserstrahlung ohne den Kunststoff zu karbonisieren. Dadurch ist es möglich beliebige Schweißbahnen auf die Kontaktfläche zu „schreiben" und die Fügeteile in diesen Bereichen konventionell zu schweißen.

Während sich die bisher genannten Methoden noch im Forschungsstadium befinden oder Nischenanwendungen geblieben sind, hat das Clearweld®-Verfahren der Firma Gentex als einziges Zwischenschichtverfahren industrielle Relevanz erlangen können. Dabei wird ein Lösungsmittel, in dem eine absorbierende Substanz gelöst ist, auf die Fügefläche eines Bauteils appliziert. Das Auftragen der Lösung kann manuell mit einem Filzstift oder durch automatische Systeme wie Drucker oder Ultraschalldispenser erfolgen [65]. Nach der Benetzung der Fügefläche verdampft das Lösungsmittel und hinterlässt eine gleichmäßige Schicht des Absorbers. Eine weitere Möglichkeit, den Clearweld-Absorber schnell und präzise aufzutragen, ist der Thermotransferdruck. Hierbei ist das Clearweld zunächst vollflächig auf einer Trägerfolie aufgetragen, die mit der Fügefläche eines der zu schweißenden Fügeteile in Kontakt gebracht wird. Unter Wärmeeinwirkung kommt es zum Transfer des Clearweld von der Trägerfolie auf das Fügeteil, das anschließend mit dem Fügepartner konventionell verschweißt werden kann [66]. Charakteristisch für den

Clearweld-Absorber ist die Tatsache, dass er bei der Bestrahlung[1] sowohl sein Absorptionsvermögen als auch die grüne Eigenfarbe verliert. Um ein optisch einwandfreies Erscheinungsbild der Fügezone sicherzustellen, ist es daher wichtig, den Absorber nicht außerhalb der Schweißbahn aufzutragen, um sichtbare Rückstände zu vermeiden.

Grundsätzlich haben Zwischenschichtverfahren den Vorteil, dass die Fügeteile aus dem gleichen Material hergestellt werden können. Speziell das Clearweld-Verfahren bietet dem Anwender eine einfache Möglichkeit, das Laserdurchstrahlschweißen auf Bauteile anzuwenden, die ursprünglich nicht für das Verfahren ausgelegt sind, um so beispielsweise Musterteile oder Prototypen herzustellen. Bei Verwendung des gleichen Materials ergeben sich auch in der Herstellungskette der Fügeteile einige Vorteile. So können sie mithilfe eines Mehrkavitäten-Werkzeugs auf der gleichen Anlage produziert werden, woraus sich ein geringerer Bedarf an Anlagen, Personal und Stellfläche ergibt. Ferner ist es nicht mehr erforderlich den Absorber präzise zu dosieren und in der Kunststoffmatrix gleichmäßig zu verteilen. Das Auftreten von Konzentrationsschwankungen des Absorbers, die im Schweißprozess zu einer ungleichmäßigen Ausprägung der Naht führen, kann somit vermieden werden. Ebenso entfällt für den Verarbeiter die Notwendigkeit, für die Fügeteile das Material in einer laserabsorbierenden und -transparenten Einstellung vorzuhalten, wodurch der Lagerbestand gesenkt werden kann.

Dem kann jedoch entgegengehalten werden, dass die Vorteile in der Formteilherstellung ohne Absorber zulasten des nachgelagerten Fügeprozesses gehen. Dem Anwender des Schweißverfahrens obliegt in dem Fall die zusätzliche Aufgabe, die Fügeteile durch Applikation der absorbierenden Zwischenschicht für den Schweißprozess vorzubereiten. Eine Möglichkeit, diesen Prozessschritts zu umgehen bieten Strahlquellen, deren Strahlung auch ohne Zusatzstoffe von Kunststoffen absorbiert wird.

2.4.2 Schweißen mit angepasster Laserwellenlänge

Die Nutzung des intrinsischen Absorptionsvermögens ist in der Bearbeitung von Kunststoffen nicht neu und in Verfahren wie der Ablation, dem Bohren oder dem Schneiden Stand der Technik [67]. Je nach Verfahren werden entweder Excimerlaser

[1] Gilt für Intensitäten, die typischerweise beim Schweißen angewendet werden. Bei Bestrahlung mit niedriger Intensität bleiben das Absorptionsvermögen und die Eigenfarbe des Clearweld-Farbstoffs erhalten.

mit Wellenlängen im ultravioletten Spektralbereich (λ<400 nm) oder CO_2-Laser eingesetzt, die mittlere Infrarotstrahlung (λ=9,3-10,6 µm) emittieren (Bild 14).

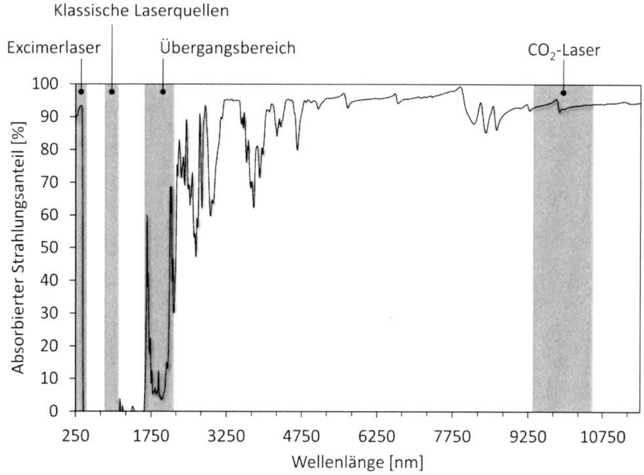

Bild 14: Typisches Absorptionsspektrum eines Kunststoffs (hier PC, 1mm Dicke) und in der Laserbearbeitung adressierte Spektralbereiche

Die Strahlung beider Lasertypen wird von nahezu allen Kunststoffen absorbiert, wobei sich die Absorptionsmechanismen in den zwei Spektralbereichen grundlegend voneinander unterscheiden (siehe Kap. 3.2). Für das Durchstrahlschweißen sind diese Laser insofern ungeeignet, als dass deren Strahlung aufgrund der starken Absorption nicht ausreichend tief in den Kunststoff eindringen kann. Typische Eindringtiefen von CO_2-Laserstrahlung liegen im Bereich einiger zehn Mikrometer, so dass bis auf wenige Ausnahmen nur sehr dünne Folien verschweißt werden können [68, 69]. Bei Excimerlasern kommt neben der geringen Eindringtiefe noch hinzu, dass die Photonenenergie der Strahlung groß genug ist, um Verbindungen innerhalb der Polymerketten spalten zu können und den Kunststoff auf diese Weise zu schädigen.

Anders als bei CO_2- und Excimerlasern, dringt die Strahlung klassischer Laserquellen, die für das Laserdurchstrahlschweißen eingesetzt werden, mangels Absorption sehr tief in den Kunststoff ein (Bild 14). Entsprechend gelangt ein Großteil der eingestrahlten Energie zur Fügeebene, wo sie bislang durch Modifikation des darunterliegenden Fügeteils deponiert wird. Aber auch ohne Modifikation der Kunststoffmatrix lässt sich die Strahlung klassischer Laserquellen nutzen, um

Kunststoffteile miteinander zu verschweißen. POLSTER demonstriert dies anhand eines Nd:YAG Lasers (λ=1064 nm), mit dem er zwei Kunststoffteile aus Polycarbonat ohne Zusatzstoffe fügt [65]. Das geringe Absorptionsvermögen von PC wird durch eine hohe Leistungsdichte des Laserstrahls kompensiert, der durch optische Elemente zunächst in mehrere Teilstrahlen aufgeteilt wird. Anschließend werden die Teilstrahlen so zusammengeführt, dass sie sich in der Kontaktebene der Fügeteile kreuzen. Die Überlagerung der Teilstrahlen führt zu einem sprunghaften Anstieg der Intensität im Kreuzungspunkt, in dem der Kunststoff örtlich selektiv plastifiziert werden kann. Außerhalb des Kreuzungspunktes bleibt der Kunststoff unterhalb des Schmelzpunkts, da jeder Teilstrahl die Gesamtleistung nur anteilig transportiert. Einen ähnlichen Ansatz zum Schweißen von zwei absorberfreien Kunststoffteilen aus Polypropylen (PP) präsentiert DEVRIENT [70]. Er verwendet einen konventionellen Diodenlaser (λ=936 nm), dessen Strahlung er auf die Kontaktebene der Fügeteile fokussiert. Durch das Intensitätsgefälle des fokussierten Strahls, wird ein selektives Aufschmelzen des Kunststoffs im Bereich der Strahltaille, wo die höchste Intensität herrscht, angestrebt. Zur Oberfläche hin nimmt die Intensität stetig ab, so dass das Material dort weniger stark erwärmt wird. Um sicherzustellen, dass die Oberfläche unter dem Schmelzpunkt bleibt, wird die bestrahlte Stelle durch einen Druckluftstrom gekühlt. Die Untersuchungen mit konventionellen Strahlquellen zeigen, dass es damit unter bestimmten Bedingungen durchaus möglich ist, optisch gleiche Kunststoffe im Durchstrahlverfahren zu verschweißen. Mit CO_2-Lasern lässt sich aufgrund der starken Absorption vorwiegend nur bei Kunststofffolien eine Verschweißung realisieren. Laserstrahlung bei 800-1100 nm hingegen, wird von Kunstoffen kaum absorbiert und kann daher bei entsprechend hoher Leistungsdichte zum Verschweißen dickwandiger Teile genutzt werden. Der hohe Anteil an Strahlungsenergie, der dabei ungenutzt durch die Fügeteile transmittiert, stellt hierbei einen Nachteil dar. Die Tatsache, dass die Absorption im Bereich von 1 µm zu schwach und bei etwa 10 µm zu stark ist, lenkt den Fokus auf den Spektralbereich, in dem die beiden Extremfälle ineinander übergehen. Dieser Bereich befindet sich beim Großteil der Kunststoffe zwischen 1400 und 2300 nm (Bild 14). Erste Strahlquellen, die diesen Spektralbereich adressierten und Leistungen in der Größenordnung von 100 W im Dauerstrichbetrieb bei hoher Strahlqualität bereitstellten, erlangten kurz vor der Jahrtausendwende Marktreife [71]. Dabei handelte es sich hauptsächlich um Faserlaser, die Erbium oder Thulium als Dotierungsstoff nutzten und Strahlung bei ca. 1,5 bzw. 2 µm Wellenlänge emittierten. Erste Anwendungen dieser Laser waren im Bereich der Telekommunikation, der Mess- und Medizintechnik angesiedelt [72]. Erst später wurde das Potential dieser Laser, speziell des Thulium-Faserlasers, für das Kunststoffschweißen erkannt.

Über den ersten Einsatz solcher Laser zum Schweißen von Kunststoffen berichtet EBERT [73]. Er verwendet einen Tm:YAG Laser mit 2013 nm Wellenlänge, mit dem er Flachproben aus Polymethylmethacrylat sowohl im Stumpf- als auch im Überlappstoß ohne Zusatzstoffe erfolgreich miteinander verschweißen kann. In den darauffolgenden Jahren stieß das absorberfreie Laserdurchstrahlschweißen zunehmend auf das Interesse der Forschung, nicht zuletzt durch das Aufkommen neuer Diodenlaser, die durch Einsatz neuer Halbleiterverbindungen und eine verbesserte Systemarchitektur neue Emissionswellenlängen im Leistungsbereich mehrerer zehn Watt boten [74]. Viele der bisherigen Publikationen zu dem Thema haben einen phänomenologischen Charakter und demonstrieren lediglich die Eignung der verwendeten Strahlquellen für das Schweißen absorberfreier Kunststoffe [75, 76, 77, 78, 79]. Eine Arbeit, die sich mit der Fragestellung befasst, wie beim absorberfreien Schweißen der Fügebereich selektiv geschmolzen werden kann, ist die von POLSTER. Um die große, entlang der Strahlachse ausgerichtete Ausdehnung der Wärmeeinflusszone (WEZ) zu verringern, die sich aus der Volumenabsorption der Laserstrahlung ergibt, wird das oben bereits erwähnte Konzept zur Erzeugung großer räumlicher Intensitätsgradienten durch Überlagerung mehrerer Strahlen vorgestellt [65]. KUROSAKI stellt eine weitere Methode vor, die vertikale Ausdehnung der WEZ zu verringern. Er verwendet Saphirglas um die Kunststoffteile mit Fügedruck zu beaufschlagen. Saphir ist für die Strahlung des verwendeten Lasers transparent und hat darüber hinaus eine sehr hohe Wärmeleitfähigkeit, die um den Faktor 100 über der von Kunststoffen liegt. Das Schweißen der Fügeteile erfolgt durch das Saphirglas, das als Wärmesenke die Wärme aus dem Randbereich des oberen Kunststoffteils abführt und dort ein Aufschmelzen verhindert [80]. Einen selektiven Energieeintrag ohne spezielle Strahlformung oder eine zusätzliche Wärmesenke erreicht RUOTSALAINEN durch eine angepasste Strahlführungsstrategie [81]. Dabei werden mehrere Schweißnähte nebeneinander erzeugt, die für sich nur eine sehr geringe Breite, allerdings auch eine vergleichsweise geringe vertikale Ausdehnung besitzen. Während die vertikale Ausprägung der Naht konstant bleibt, kann ihre Breite durch zusätzliche Nähte beliebig erweitert werden.

Seit einigen Jahren wird über Aktivitäten berichtet, bei denen Ultrakurzpulslaser zum Schweißen absorberfreier Kunststoffe eingesetzt werden [82, 83, 84]. Der Grund für den Einsatz ultrakurzgepulster Laser sind die damit erreichbaren hohen Intensitäten bzw. Photonendichten. Wie später in Kap. 3.2 erläutert werden wird, absorbieren Kunststoffmoleküle auftreffende Photonen nur dann, wenn diese bestimmte Energiewerte aufweisen. Photonen mit abweichenden Energiewerten werden nicht absorbiert, es sei denn sie treffen zeitgleich auf das Kunststoffmolekül und besitzen in der Summe eines der erforderlichen Energiewerte (Multiphotonenabsorption). Solche Ereignisse sind umso wahrscheinlicher, je höher die zeitliche und räumliche Photonendichte ist. Durch Fokussierung von Strahlung lässt sich die Wahrscheinlichkeit der Absorptionsvorgänge in der Strahltaille stark anheben und so eine selektive Energiedeposition erreichen. Während bei Glas das Schweißen mittels der Multiphotonenabsorption bereits erfolgreich demonstriert werden konnte [85], weisen die Schweißnähte bei Kunststoffen stets eine partielle thermische Schädigung auf. Das kann zum einen daher kommen, dass die gepulste Strahlung einen zu schnellen Anstieg der Temperatur bewirkt und es dadurch schwer ist, den Prozess im zulässigen Temperaturfensters zu halten, das bei Kunststoffen mit etwa 200-300°C deutlich kleiner ist als bei Glas. Ebenso wahrscheinlich ist auch die Zersetzung des Kunststoffs durch eine zu hohe Photonenenergie. Je nach Anzahl und Wellenlänge der absorbierten Photonen, werden bei der Multiphotonenabsorption die Bindungsenergien der Atompaare in den Polymerketter teils deutlich überschritten und der Kunststoff dadurch photochemisch zerstört.

3 Experimentelle Grundlagen

3.1 Wechselwirkung zwischen Laserstrahlung und Kunststoff

Beim Auftreffen auf einen Kunststoffkörper teilt sich elektromagnetische Strahlung allgemein in zwei Teile auf: Einen Teil, der von dem Körper in Ursprungsrichtung reflektiert wird (R) und einen, der durch den Körper transmittiert (T) (Bild 15).

Bild 15: Wechselwirkung zwischen Strahlung und Kunststoff

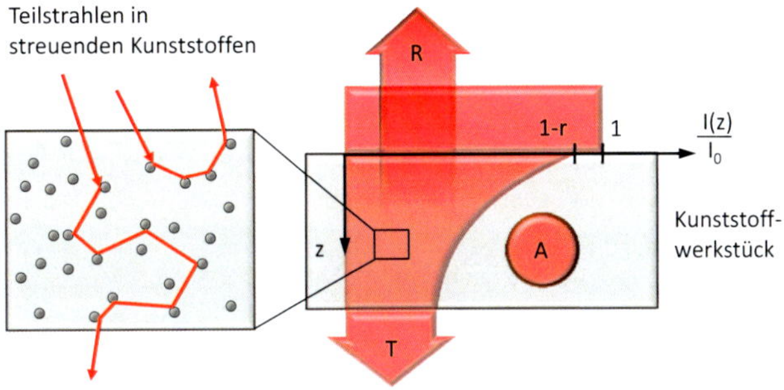

Besitzt das Material des Werkstücks absorbierende Eigenschaften, entzieht es der eindringenden Strahlung einen Teil der Energie und transformiert sie in eine andere Energieform wie z.B. Wärme. Die Anteile reflektierter und transmittierter Strahlung verringern sich entsprechend um den absorbierten Teil (A), so dass nach dem Energieerhaltungsprinzip gilt:

$$T + R = 1 - A \qquad \text{Gl. 1}$$

Der Anteil absorbierter Strahlung wird neben dem eigentlichen Absorptionsvermögen des jeweiligen Polymers und der zu durchdringenden Materialdicke auch durch die Streueigenschaften des Werkstoffs beeinflusst. Ist die Kunststoffmatrix durch eingelagerte Zusatzstoffe oder kristalline Bereiche optisch inhomogen, ändert sich an den Phasengrenzen durch Reflexion und Brechung die Richtung einzelner Teilstrahlen. Dieser Vorgang wiederholt sich vielfach, so dass die von den Strahlen im Werkstück zurückgelegte Strecke im Vergleich zu der direkten Propagation ohne Streueinfluss deutlich länger ist (Bild 15). Dadurch wird im

Werkstück ein höherer Anteil der Strahlung absorbiert, als in einem nichtstreuenden Werkstück gleicher Dicke [86].

Die durch Absorption und Streuung verursachte Abnahme der Strahlungsintensität im Werkstück wird unter der Voraussetzung homogener Streueigenschaften und linearer Absorptionsmechanismen durch das Lambert-Beer'sche Gesetz ausgedrückt (vgl. Bild 15).

$$\frac{I(z)}{I_0} = (1 - r) \cdot e^{-c_{Ext} \cdot z} \qquad \text{Gl. 2}$$

$I(z)$: Strahlungsintensität im Abstand z zu Eintrittsoberfläche
I_0: Intensität der auftreffenden Strahlung
r: Oberflächenreflexion (nicht zu verwechseln mit Gesamtreflexion R)
c_{Ext}: Extinktionskoeffizient (=Absorptionskoeffizient α+ Streukoeffizient σ)

Der darin auftretende Extinktionskoeffizient ist ein werkstoffspezifischer Kennwert, der sich aus dem Absorptionskoeffizienten α und dem Streukoeffizienten σ zusammensetzt. Der Absorptionskoeffizient beschreibt den Anteil am Intensitätsverlust, der absorbiert und z.B. in Wärme umgewandelt wird. Der durch den Streukoeffizienten repräsentierte Intensitätsverlust entsteht, indem die Strahlung aus ihrer ursprünglichen Propagationsrichtung abgelenkt wird. Sie erfährt keine Umwandlung und verlässt das Werkstück auf der Ein- oder Austrittsseite als Reflexion bzw. Transmission aus. Eine Größe, die den Intensitätsverlust durch die zuvor beschriebenen Mechanismen anschaulich beschreibt, ist die optische Eindringtiefe δ_{Opt}. Diese gibt den Abstand zur bestrahlten Oberfläche an, bei dem die Intensität der eingedrungenen Strahlung auf den Anteil 1/e (~37%) abfällt. Sie ist als Kehrwert des Extinktionskoeffizienten definiert:

$$\delta_{Opt} = \frac{1}{c_{Ext}} \qquad \text{Gl. 3}$$

Bei visuell transparenten, d.h. ungefüllten amorphen aber auch mikrokristallinen Thermoplasten, die im Fokus dieser Arbeit stehen, ist der Einfluss der Streuung vernachlässigbar gering ($c_{Ext} \approx \alpha$). Die Abnahme der Strahlungsintensität erfolgt in dem Fall ausschließlich durch Absorption.

Neben der Absorption ist die Brechung ein weiterer Effekt, der bei der Propagation von Strahlung durch einen Kunststoff auftritt. Als Brechung wird die Richtungsänderung bezeichnet, die ein Strahl beim Übergang in ein Medium anderer optischer Dichte erfährt. Sie ist darauf zurückzuführen, dass Strahlung sich in Abhängigkeit von der optischen Dichte des Mediums, in dem sie propagiert, unterschiedlich schnell ausbreitet. Das Verhältnis zur Ausbreitungsgeschwindigkeit im Vakuum wird durch den Brechungsindex des Mediums angegeben. Sind die Brechungsindizes der angrenzenden Medien bekannt, kann die Richtungsänderung an der Grenzfläche mithilfe des Snelliusschen Brechungsgesetzes berechnet werden.

$$\frac{n_1}{n_2} = \frac{\sin(\theta_2)}{\sin(\theta_1)} \qquad \text{Gl. 4}$$

n_1, n_2: Brechungsindizes der angrenzenden Medien ($n_{Luft} \approx 1$)
θ_1, θ_2: Neigungswinkel des Strahls in angrenzenden Medien (gemessen zum Lot)

Für das Laserdurchstrahlschweißen ist die Brechung insofern relevant, als das hier fokussierte Strahlung eingesetzt wird. Teilstrahlen, die nicht entlang der Mittelachse des Strahls verlaufen, treffen unter einem Neigungswinkel auf die Oberfläche des Werkstücks und werden beim Grenzflächenübergang gebrochen (Bild 16). Erfolgt der Übergang in ein optisch dichteres Medium, wie z.B. aus der Luft in einen Kunststoff, wird der Strahl zum Lot hin gebrochen d.h. sein Neigungswinkel wird kleiner. Bei entgegengesetzter Propagationsrichtung vergrößert sich der Neigungswinkel des Strahls entsprechend. In der Praxis ist dies zu berücksichtigen, wenn z.B. der Laserstrahl auf die Oberfläche des absorbierenden Fügeteils fokussiert und das transparente Teil erst anschließend darauf platziert wird. Durch Brechung an der neuen Grenzfläche verlagert sich die Strahltaille in Propagationsrichtung (Bild 16).

Bild 16: Verschiebung der Fokuslage durch Brechung

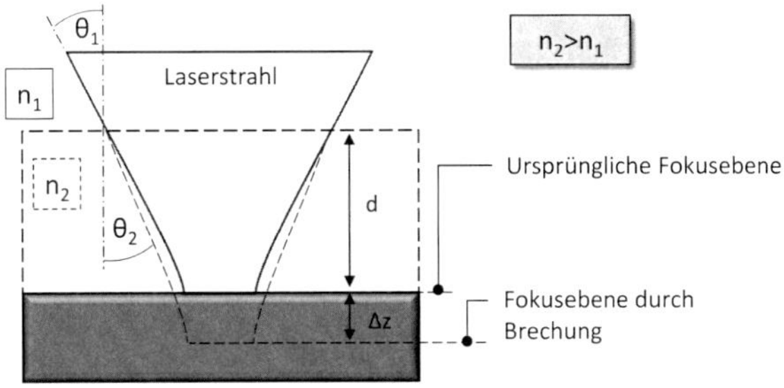

In der ursprünglichen Fokusebene besitzt der Strahl nun einen größeren Strahldurchmesser und damit eine geringere Intensität. Für Gauß`sche Strahlen und den Fall $n_2>n_1$ lässt sich die Verschiebung der Fokusebene mithilfe folgender Gleichung ermitteln [87]:

$$\Delta z = (\frac{n_2}{n_1} - 1) \cdot d \qquad \text{Gl. 5}$$

Δz: Durch Brechung hervorgerufene Verlagerung der Fokuslage
d: Dicke der Kunststoffschicht, an deren Oberfläche die Brechung erfolgt

Wie anhand der Gleichung zu erkennen, wirkt sich neben dem Brechungsindex des Kunststoffs auch die Dicke des transparenten Fügeteils entscheidend auf die Verschiebung der Fokuslage aus. Während sie bei dünnen Teilen eher vernachlässigbar ist, kann die Verschiebung bei dickwandigen Teilen die Intensitätsverteilung des Laserstrahls in der ursprünglichen Fokusebene deutlich verändern, insbesondere wenn dieser einen großen Öffnungswinkel aufweist.

3.2 Intrinsische Absorptionseigenschaften von Kunststoffen

In vielen Bereichen des elektromagnetischen Spektrums sind Kunststoffe auch ohne den Einsatz von Absorbern in der Lage Strahlung zu absorbieren. Welche Strahlung sie in welchem Maß absorbieren, hängt dabei von ihrer molekularen Struktur ab. Bevor auf das Absorptionsverhalten von Kunststoffen konkret eingegangen wird, sollen zunächst die Mechanismen erläutert werden, die der Absorption von Strahlung zugrunde liegen können.

Jedes Molekül verfügt aufgrund seiner Struktur über definierte Frequenzen, bei denen es durch das elektrische Wechselfeld der elektromagnetischen Strahlung zu Resonanz angeregt werden kann. Trifft Strahlung mit Resonanzfrequenz auf das Molekül, geht die von der Strahlung transportierte Energie

$$E = h \cdot \upsilon = h \cdot \frac{c}{\lambda} \qquad \text{Gl. 6}$$

E: Photonenenergie
h: Plancksches Wirkungsquantum ($6{,}626 \times 10^{-34}$ Js)
v: Frequenz des Lichts
c: Lichtgeschwindigkeit
λ: Wellenlänge des Lichts

auf das Molekül über und versetzt es in einen angeregten Zustand. Wie dieser Zustand geartet ist, hängt von der Größenordnung der Frequenz ab.

Im niederfrequenten Bereich des elektromagnetischen Spektrums (Mikro- und Radiowellen) treten nur polare Moleküle, also solche mit einem permanenten Dipolmoment, mit der Strahlung in Wechselwirkung. Aufgrund der ungleichmäßigen Verteilung der Ladungsträger innerhalb des Moleküls induziert das elektrische Wechselfeld der Strahlung ein Drehmoment, infolgedessen sich das Molekül periodisch nach dem elektrischen Feldvektor auszurichten versucht (Bild 17). Dabei entsteht durch Reibung mit angrenzenden Molekülen Wärme (dielektrische Erwärmung), die z.B. in einem Mikrowellenherd gezielt zur Erwärmung von Speisen bzw. des darin enthaltenen Wassers genutzt wird [88]. Diese Art der Anregung wird als Rotationsanregung bezeichnet.

Erreicht die Frequenz den Infrarotbereich, wird es für das Molekül aufgrund seiner Trägheit immer schwieriger, sich vollständig nach dem Wechselfeld auszurichten. Die Rotationen des Moleküls beginnen allmählich abzuklingen, während nun seine Atome mit der Strahlung in Wechselwirkung treten.

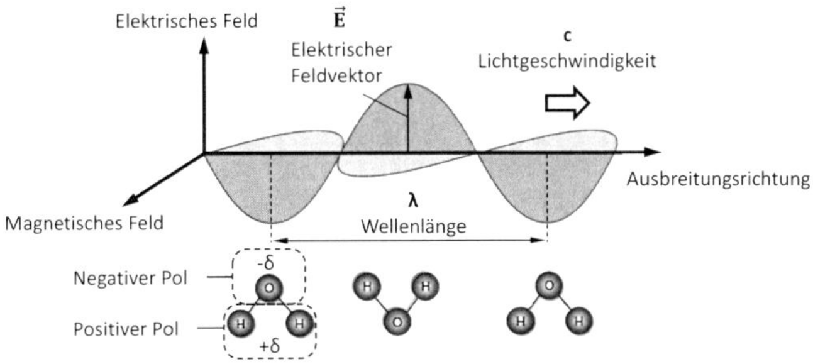

Bild 17: Polares (Wasser-) Molekül im elektrischen Wechselfeld

Die chemisch gebundenen Atome innerhalb des Moleküls lassen sich je paarweise als ein Feder-Masse-System beschreiben, das durch das elektrische Wechselfeld elektromagnetischer Strahlung zu Schwingungen angeregt werden kann. Anders als ein klassisches Feder-Masse-System, kann ein gebundenes Atom-Paar bei zu großer Auslenkung dissoziieren. Diesem Phänomen wird mit dem Morse-Potential Rechnung getragen, dem die potentielle Energie des Systems folgt (Bild 18).

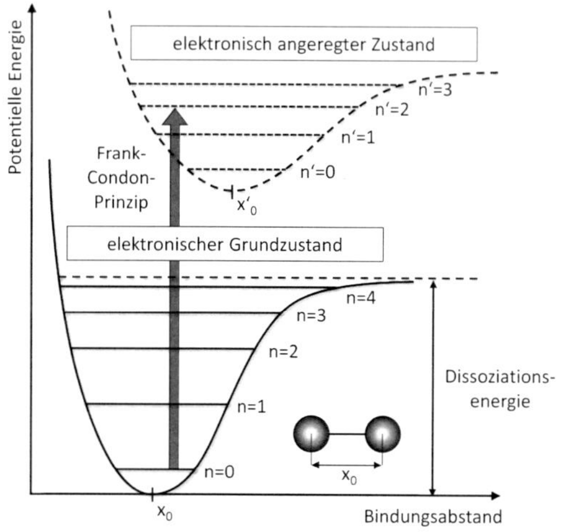

Bild 18:
Potentialkurve im Grundzustand (unten) und im elektronisch angeregten Zustand (oben)

Innerhalb des Potentialtopfs (elektronischer Grundzustand) befinden sich die diskreten (gequantelten) Energieniveaus einer Schwingung, deren Abstand zum nächsthöheren Niveau immer kleiner wird. Mit dem Übergang vom dem Grund- (n=0) in den nächsthöheren Zustand (n=1) wird das Atom-Paar auf seine Grundschwingung angeregt. Bei etwa doppelter Frequenz schwingt der erste Oberton (n=2) der Grundschwingung an, bei dreifacher Frequenz der zweite Oberton (n=3) usw.[2] Je weiter das Energieniveau der Schwingung von dem Grundzustand entfernt ist, desto geringer ist die Wahrscheinlichkeit für einen solchen Übergang. Aus diesem Grund fällt die Intensität der Absorptionslinien von der Grundschwingungsfrequenz zu den Frequenzen der Obertöne stark ab [89].

Gegenüber einem zweiatomigen Molekül, dessen Atome nur entlang der Bindungsachse schwingen können, besitzen Moleküle mit mehr Atomen eine größere Anzahl an sogenannten Schwingungsmoden. Grundsätzlich verfügen lineare Moleküle, bestehend aus N Atomen, über 3N-5 Schwingungsmoden, nicht-lineare Moleküle haben mit 3N-6 Moden einen Schwingungsfreiheitsgrad weniger. Die verschiedenen Schwingungsmoden lassen sich in Valenz- und

[2] Die Obertöne sind in Analogie zur Musik als Oktaven eines Grundtons zu verstehen.

Deformationsschwingungen einteilen. Valenzschwingungen sind entlang der Bindungsachsen orientiert d.h. es ändern sich nur die Bindungslängen. Bei Deformationsschwingungen hingegen ändern sich die Bindungswinkel bei gleichbleibender Bindungslänge. In Bild 19 sind exemplarisch die vier Schwingungsmoden des Kohlenstoffdioxid-Moleküls (N=3) abgebildet.

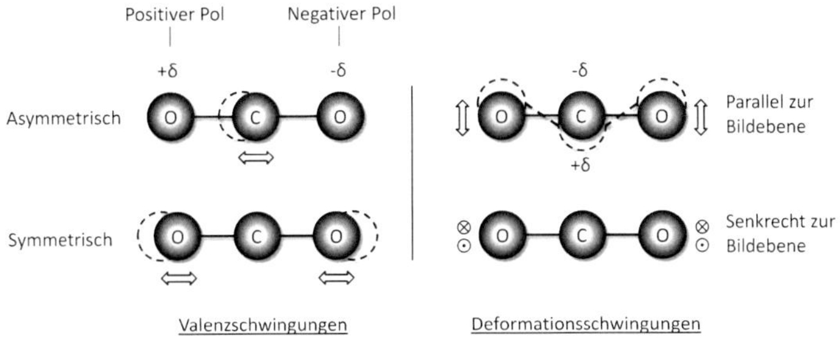

Bild 19: Kohlenstoffdioxid-Molekül und seine vier Schwingungszustände, bei denen sich entweder die Bindungslängen (Valenzschwingung) oder Bindungswinkel (Deformationsschwingung) von Atompaaren ändern.

Ebenso wie das Molekül sich nicht beliebig schnell im elektrischen Wechselfeld ausrichten kann, erreichen auch seine Atome einen Punkt, an dem sie trägheitsbedingt nicht länger zu Schwingungen angeregt werden können. Im Bereich des sichtbaren Lichts verlagert sich die Wechselwirkung daher von den Atomen auf ihre Valenzelektronen. Werden diese mit einer passenden Frequenz angeregt, steigen sie in ein energetisch höheres und damit kernferneres Orbital des Atoms auf. Bei einem gebundenen Atom-Paar nimmt dadurch nicht nur die Energie zu, auch vergrößert sich der Gleichgewichtsabstand der Atome zueinander, wodurch sich die Lage des Potentialtopfs verändert (Bild 18). Welches Energieniveau das Atom-Paar im Potentialtopf des elektronisch angeregten Zustands besetzt, unterliegt bestimmten quantenmechanischen Auswahlregeln, auf die hier nicht näher eingegangen wird. Grundsätzlich gilt jedoch, dass die Übergänge aus dem elektronischen Grundzustand in elektronisch angeregte Zustände stets senkrecht erfolgen (Frank-Condon-Prinzip), da die Platzwechselvorgänge von Elektronen aufgrund ihrer geringeren Masse um mehrere Größenordnungen schneller ablaufen als die der Atomkerne und sich der Abstand der Atomkerne während des Übergangs somit nicht ändert [90]. Unmittelbar nach der Anregung versucht das Elektron in den Grundzustand zurückzukehren. Dabei wird die absorbierte Energie je nach Molekül über verschiedene Mechanismen in Wärme und/oder Licht (Lumineszenz) transformiert.

Gemäß der beschriebenen Absorptionsgrundlagen, müsste das Absorptionsspektrum von Kunststoffen aus diskreten Absorptionslinien bestehen, da nur Strahlung bestimmter Wellenlängen absorbiert wird. Reale Absorptionsspektren haben jedoch einen eher kontinuierlichen Verlauf (Bild 20), der auf den molekularen Aufbau der Kunststoffe aus langen ineinander verschränkten Kohlenstoffketten zurückzuführen ist. Die bisher isoliert betrachteten Atome bzw. Atompaare sind in Wirklichkeit zu Makromolekülen verknüpft und unterliegen dem Einfluss der sie umgebenden Moleküle. Dadurch verändern sich beispielsweise die Bindungszustände und damit auch die Anregungsenergien einzelner Atompaare im Molekül, je nach Lage im Gesamtgefüge. Jedes Molekül erzeugt also eine individuelle Schar an Absorptionslinien, die in der Summe zur Entstehung der beobachteten Absorptionsbanden führen [91].

Bild 20: Absorptionsspektren ausgewählter amorpher Kunststoffe und ihre Strukturformeln, Dicke der vermessenen Proben 1 mm

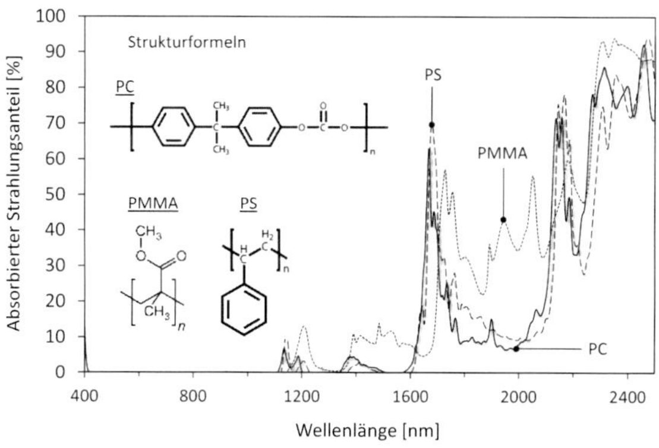

Da sich Kunststoffe von den Grundbausteinen ihrer Molekülketten nur unwesentlich voneinander unterscheiden, weisen auch ihre Absorptionsspektren Ähnlichkeiten im Verlauf auf. Das Infrarotspektrum λ>3000 nm ist typischerweise von intensiven Absorptionsbanden geprägt, weil dort die Grundschwingungen der meisten Atompaare angeregt werden. Im kurzwelligen Infrarotbereich (λ<3000 nm) klingen die Absorptionsbanden allmählich ab und erreichen ein Maß, bei dem die Strahlung ausreichend tief in ein Kunststoffteil eindringt, um sie zum Durchstrahlschweißen nutzbar machen zu können. Verantwortlich für die Absorptionsbanden in diesem Bereich sind vorwiegend zu Obertonschwingungen angeregte

Kohlenwasserstoffverbindungen [92]. Die Anregung von Obertonschwingungen ist, wie bereits erwähnt, weniger wahrscheinlich und die Absorptionsbanden dadurch weniger intensiv als im mittleren Infrarot. Da alle relevanten amorphen Kunststoffe über ketten- oder ringförmige Kohlenwasserstoffverbindungen verfügen, tauchen in bestimmten Bereichen wie etwa bei 1700 nm charakteristische Absorptionsbanden auf, die in dem konkreten Fall aus der Anregung von Valenzschwingungen im ersten Oberton resultieren (Bild 20). Durch die verschiedenen Konstitutionen der Kohlenwasserstoffe wie beispielsweise als Methyl- (CH_3) oder Methylengruppe (CH_2), unterscheiden sich die Anregungswellenlängen geringfügig voneinander und überlagern sich zu den in Bild 20 gezeigten Absorptionsbanden. Einen Überblick über ausgewählte Absorptionsbanden in dem diskutierten Bereich sowie die zugrundeliegenden Schwingungsarten gibt Tabelle 2.

Wellenlänge [nm]	**Schwingungsart**	**Konstitution**
1143		Aromat
1152-1195	Valenzschwing. (2. Oberton)	CH_3
1215		CH_2
1360		CH_3
1395-1415	Valenzschwing. (1. Oberton) + Deformationsschwing. (Grundschwing.)	CH_2
1417		Aromat
1685		Aromat
1695-1705	Valenzschwing. (1. Oberton)	CH_3
1725-1765		CH_2
2280	Valenzschwing. (Grundschwing.) + Deformationsschwing. (Grundschwing.)	CH_3
2310-2323		CH_2

Tabelle 2: Schwingungsarten von Kohlenwasserstoffen bei ausgewählten Anregungswellenlängen [92]

Wie den Strukturformeln in Bild 20 entnommen werden kann, bestehen Kunststoffe nicht nur aus Kohlenwasserstoffen. Andere Verbindungen, wie z.B. die CO-Bindung, verfügen ebenfalls über individuelle Anregungswellenlängen, die in das Absorptionsspektrum eingehen. Letztlich ist nicht zu vergessen, dass die vielen Schwingsysteme in einem Makromolekül nicht voneinander entkoppelt sind und sich deshalb gegenseitig beeinflussen. Es können beispielsweise bei der Schwingungsanregung nicht nur Grund- und Oberschwingungen anklingen, sondern auch Kombinationsschwingungen. Hierbei regt die Strahlung mehrere Schwingungsmoden gleichzeitig an, deren individuelle Anregungsenergien in Summe der Strahlungsenergie entsprechen. Das Zurückführen von Absorptionsbanden auf bestimmte Verbindungen im Kunststoffmolekül kann daher mitunter schwierig sein.

3.3 Prozessmodell zur Beschreibung der Strahlungserwärmung

Die Simulation des Erwärmungsvorgangs kann einen wichtigen Beitrag zum Prozessverständnis leisten, indem sie Einblicke ermöglicht, die mit Messungen nicht oder nur sehr schwer realisierbar sind. Entscheidende Zustandsgrößen wie die räumliche Temperaturverteilung im Materialinneren können so ohne großen Aufwand berechnet und zur Analyse des Prozesses herangezogen werden. Modelliert wird der Prozess auf Basis der Fourier'schen Wärmeleitungsgleichung, die sich aus der Energiebilanz an einem Volumenelement herleiten lässt.

$$\rho \cdot c \cdot \frac{\partial T}{\partial t} = \nabla \cdot (k \cdot \nabla T) + \Phi \qquad \text{Gl. 7}$$

ρ, c, k: Dichte, spezifische Wärmekapazität, Wärmeleitfähigkeit (temperaturabhängig)

Die beiden Terme auf der rechten Seite der Gleichung stehen für die beiden Energieflüsse, die an der Erwärmung des Kunststoffs beteiligt sind. Der Quellterm Φ repräsentiert den Energieeintrag in den Kunststoff, der sich aus dem absorbierten und damit in Wärme umgewandelten Teil der Laserstrahlung zusammensetzt.

$$\Phi = \alpha \cdot I \qquad \text{Gl. 8}$$

α: Absorptionskoeffizient
I: Intensitätsverteilung im Bauteil (orts- und zeitabhängig)

Infolge der Energiezufuhr durch den Laserstrahl entsteht im Kunststoff ein Temperaturgefälle, das einen Wärmestrom $\nabla \cdot (k \cdot \nabla T)$ aus der Strahlmitte in die kühleren Randbereiche induziert. Die Ausprägung des Temperaturgefälles und damit auch des abfließenden Wärmestroms hängen dabei neben der eingetragenen Energiemenge auch von dem Zeitraum ab, über den der Eintrag erfolgt. Je kürzer die Wechselwirkungszeit zwischen Laserstrahl und Kunststoff, desto weniger Wärme kann in dem Zeitraum über Wärmeleitung abtransportiert werden, d.h. es staut sich mehr Wärme, die trotz gleicher Energiemenge zu einer höheren Maximaltemperatur führt. Um diesen Einfluss zu erfassen, wird eine Analogie zu einem stationären Strömungsfeld hergestellt, dessen Wärmeenergie zum einen durch das strömende Fluid transportiert wird (Konvektion) und sich zum anderen durch Wärmeleitung ausbreitet (Konduktion). Das Verhältnis von konvektiv transportierter zu geleiteter Wärmeenergie auf einer charakteristischen Länge drückt die Péclet-Zahl aus. Beim Laserdurchstrahlschweißen findet keine Konvektion statt, dennoch wird Wärme in Vorschubrichtung des Laserstrahls transportiert. Es kann also analog zu der Péclet-Zahl eine dimensionslose Kennzahl, hier Γ, gebildet werden, die den konduktiven Wärmestrom ins Verhältnis setzt zum Wärmestrom, der aus der Relativbewegung zwischen Laserstrahl und Kunststoff resultiert. Als charakteristische Länge dient der Durchmesser (2·w(z)) des Laserstrahls, dessen Abhängigkeit von der Laufkoordinate z zu beachten ist.

$$\Gamma = \frac{2 \cdot w(z) \cdot v}{a} \qquad \text{Gl. 9}$$

w(z): Strahlradius in Ebene z (siehe Gl. 11)

a: Temperaturleitfähigkeit des Kunststoffs ($\frac{k}{\rho \cdot c}$)

v: Relativgeschwindigkeit zwischen Laserstrahl und Kunststoffteil

Mithilfe dieser Kennzahl lässt sich nun eine Charakterisierung des Energieaustauschs im Wechselwirkungsbereich vornehmen. Aufgrund der niedrigen Temperaturleitfähigkeit von Kunststoffen und den hohen Vorschubgeschwindigkeiten des Laserstrahls, ist der Einfluss der Wärmeleitung beim Durchstrahlschweißen im Konturverfahren im Normalfall sehr gering $\Gamma \gg 1$. Deutlich stärker kann der Einfluss der Wärmeleitung z.B. beim Quasisimultanschweißen zutage treten, wie später gezeigt wird.

3.3.1 Strahlausbreitung

Neben den thermophysikalischen und optischen Materialeigenschaften ist der zeitliche Temperaturverlauf eines bestrahlten Volumenelementes gemäß Gl. 7 & 8 abhängig von der Intensität der einwirkenden Strahlung. Anders als beim klassischen Laserdurchstrahlschweißen, wo die Transformation der Strahlungsenergie in Wärme an der Grenzfläche erfolgt, entsteht die Wärme bei optisch gleichen Fügepartnern im gesamten Wirkungsbereich der Laserstrahlung. Für die Berechnung des Temperaturfeldes muss daher bekannt sein, wie sich der Laserstrahl im Kunststoff räumlich ausbreitet.

Im experimentellen Teil der Arbeit werden ausschließlich Laserquellen eingesetzt, die Strahlung im Grundmode emittieren. Die Intensität eines Grundmode-Strahls ist über den Querschnitt normalverteilt, d.h. sie wird durch eine rotationssymmetrische

Gaußfunktion beschrieben, weshalb ein solcher Strahl auch als Gaußstrahl bezeichnet wird (Bild 21).

Bild 21:
Propagation des Gaußstrahls [93]

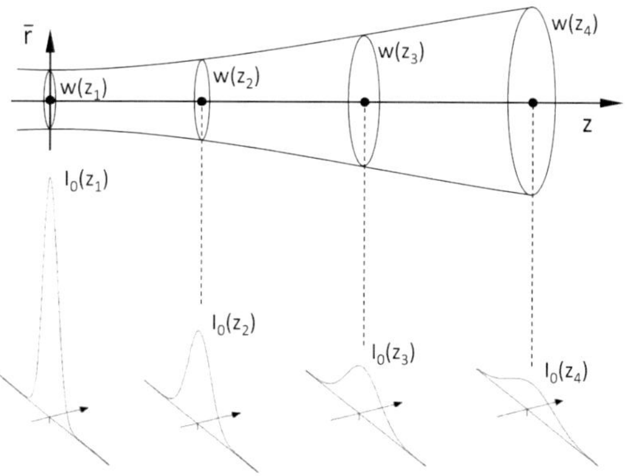

In einer beliebigen Ebene z entlang der Mittelachse, gilt für die Intensität des Gaußstrahls:

$$I(\bar{r}, z) = I_0(z) \cdot e^{-\frac{2 \cdot \bar{r}^2}{w(z)^2}} \qquad \text{Gl. 10}$$

$\bar{r}$: Radiale Koordinate

Der Gaußstrahl besitzt eine Taille (z=0), in der sein Radius w(z) minimal ist. Außerhalb der Taille vergrößert sich der Strahlradius mit zunehmendem Abstand, so dass beiderseits der Strahltaille gilt:

$$w(z) = w_0 \cdot \sqrt{1 + \left(\frac{z}{z_R}\right)^2} \qquad \text{Gl. 11}$$

w_0: Strahlradius in der Strahltaille

Derjenige Abstand zur Strahltaille, in dem sich die Querschnittsfläche des Strahls verdoppelt hat, wird als Rayleighlänge bezeichnet. Sie ist eine für Laserstrahlen charakteristische Größe, die wie folgt definiert ist:

$$z_R = \frac{n \cdot \pi \cdot w_0^2}{\lambda_0 \cdot M^2} \qquad \text{Gl. 12}$$

n: Brechungsindex des Mediums, in dem sich der Strahl ausbreitet

λ_0: Wellenlänge des freilaufenden Strahls (in Luft)

Weit außerhalb des Taillenbereichs ($z \gg z_R$) nimmt der Strahlradius annähernd linear zu und spannt mit der Mittelachse einen Winkel auf, der als Divergenzwinkel θ bezeichnet wird. Er bildet mit dem Taillenradius w_0 eine weitere charakteristische Größe - das Strahlparameterprodukt.

$$\theta \cdot w_0 = M^2 \cdot \frac{\lambda_0}{\pi} \qquad \text{Gl. 13}$$

M^2: Beugungsmaßzahl

Das Strahlparameterprodukt ist eine Erhaltungsgröße, die beim Durchgang durch Linsen in der Regel nicht verändert wird. Wird also der Divergenzwinkel des Strahls durch Linsen vergrößert, verkleinert sich dessen Fokusradius im gleichen Maße. Analog dazu nimmt der Fokusradius bei Verkleinerung des Divergenzwinkels zu.

Verglichen mit dem Gaußstrahl, ist das Strahlparameterprodukt realer Laserstrahlen stets größer. Sie lassen sich nicht so gut fokussieren und erreichen bei gleichem Divergenzwinkel nicht die gleiche geringe Fokusgröße eines Gaußstrahls. Diese Abweichung wird durch die Beugungsmaßzahl berücksichtigt, die als Kennzahl für die Strahlqualität eines Lasers verwendet wird [93].

3.3.2 Quellterm der Wärmeleitungsgleichung

Beim Laserdurchstrahlschweißen wird die Prozesswärme erzeugt, indem die optische Energie des Laserstrahls von dem Kunststoff aufgenommen und in thermische Energie umgewandelt wird. Dieser Vorgang wird in der Wärmeleitungsgleichung durch den Quellterm (Gl. 8) ausgedrückt. Die darin enthaltene Intensität wird durch die räumliche Strahlverteilung des Gaußstrahls (Gl. 10) ersetzt, so dass sich folgender Ausdruck ergibt.

$$\Phi = \alpha \cdot I_0(z) \cdot e^{-\frac{2 \cdot \bar{r}^2}{w(z)^2}} \qquad \text{Gl. 14}$$

Die Intensität des Laserstrahls auf der Mittelachse hängt von seiner Leistung und der Querschnittsfläche ab, auf der sie sich verteilt.

$$P = \int_{\varphi=0}^{2\pi} \int_{\bar{r}=0}^{\infty} I(\bar{r}, z) \cdot \bar{r} \cdot d\bar{r} \cdot d\varphi = \frac{1}{2} \cdot I_0(z) \cdot w(z)^2 \cdot \pi \qquad \text{Gl. 15}$$

Umgestellt nach $I_0(z)$ und in Gl. 14 eingesetzt, erhält der Quellterm die Form:

$$\Phi = \alpha \cdot \frac{2 \cdot P}{\pi \cdot w(z)^2} \cdot e^{-\frac{2 \cdot \bar{r}^2}{w(z)^2}} \qquad \text{Gl. 16}$$

Die Bewegung des Laserstrahls wird modelliert, indem zunächst mithilfe der Kreisgleichung kartesische Koordinaten eingeführt werden. Die x-Koordinate wird anschließend mit der Geschwindigkeit v und der Zeitvariablen t um eine zeitabhängige Komponente erweitert, die die Bewegung des Strahls entlang der x-Achse beschreibt.

$$\bar{r}^2 = (x - v \cdot t)^2 + y^2 \qquad \text{Gl. 17}$$

Zum Schluss gilt es noch zu beachten, dass ein Teil der auftreffenden Laserstrahlung an der Eintrittsfläche des Kunststoffs reflektiert und die Leistung des Strahls beim Durchtritt der Grenzfläche somit um den Teil r gemindert wird. Im weiteren Verlauf erfolgt eine durch Absorption verursachte Intensitätsabnahme, die durch das Lambert-Beer'sche-Gesetz (Gl. 2) berücksichtigt wird. Für den Quellterm ergibt sich abschließend folgender Ausdruck:

$$\Phi = \alpha \cdot (1 - r) \cdot \frac{2 \cdot P}{\pi \cdot w(z)^2} \cdot e^{-\frac{2 \cdot ((x - v \cdot t)^2 + y^2)}{w(z)^2} - \alpha \cdot (z + d)} \qquad \text{Gl. 18}$$

r: Grenzflächenreflexion
d: Verschiebungsfaktor (siehe Kap 4.1)

Nach Einsetzen des Quellterms in die Wärmeleitungsgleichung, kann diese mithilfe numerischer Verfahren gelöst werden. Eine analytische Lösung ist grundsätzlich auch möglich, allerdings nur in stark vereinfachten Fällen. Eine solche Vereinfachung ist die Annahme konstanter Werte für die thermophysikalischen Größen ρ, c, und k. Für amorphe Kunststoffe ist diese Annahme durchaus zulässig, da die Temperaturabhängigkeit hier vergleichsweise schwach ausgeprägt ist [94]. Stärker und damit nicht zu vernachlässigen ist die Temperaturabhängigkeit bei teilkristallinen Kunststoffen, nicht zuletzt aufgrund der Schmelzwärme der Kristallite, die zu einer Unstetigkeit im Kurvenverlauf der drei Größen führt. Die Berücksichtigung der Temperaturabhängigkeit durch entsprechende Näherungsfunktionen führt zu einem nichtlinearen Problem, welches in der Regel nicht analytisch gelöst werden kann [95]. Solche Gleichungssysteme werden daher vorwiegend mit Hilfe der Finite-Elemente-Methode (FEM) durch numerische Approximation gelöst [94]. Ein Programm, das auf dieser Methode basiert und in den Untersuchungen genutzt wird, ist COMSOL Multiphysics®.

3.4 Methoden

3.4.1 Bestimmung der Strahl- und Werkstoffeigenschaften

Um die Strahlverteilung und damit auch den Quellterm (Gl. 18) beschreiben zu können, müssen entsprechende Parameter des Kunststoffs und des zur Bearbeitung eingesetzten Laserstrahls ermittelt werden. Die dazu eingesetzten Methoden sollen nachfolgend erläutert werden.

Spektroskopie

Wie bereits im Abschnitt 3.1 erwähnt, teilt sich auftreffende Strahlung je nach Absorptionsvermögen und Dicke des Kunststoffteils in zwei Teile auf, die messtechnisch erfasst werden können. Zur Messung der Transmission und Reflexion der verwendeten Probekörper wird ein UV/Vis/NIR-Photospektrometer (Lambda 1050, Fa. PerkinElmer) eingesetzt, das einen Messbereich von 175-3300 nm besitzt und zur Minimierung von Messfehlern nach dem Zweistrahlenprinzip arbeitet. Beim Zweistrahlenprinzip wird das polychromatische Licht einer Strahlquelle durch entsprechende optische Elemente in schmale Spektralbänder zerlegt und anschließend in zwei Strahlen aufgeteilt. Während einer der Strahlen als Referenzstrahl dient und direkt zum Detektor geleitet wird, befindet sich im Strahlengang des zweiten Strahls, dem Messstrahl, die zu analysierende Kunststoffprobe. Durch die Wechselwirkung mit dem Kunststoffteil, wird der Messstrahl in seiner Intensität abgeschwächt. Aus dem Intensitätsunterschied zum Referenzstrahl lässt sich der Strahlungsanteil bestimmt, der von der Kunststoffprobe reflektiert bzw. transmittiert wurde. Wie die Kunststoffprobe im Strahlengang des Photospektrometers zur Bestimmung der gewünschten Messgröße zu platzieren ist, zeigt exemplarisch Bild 22.

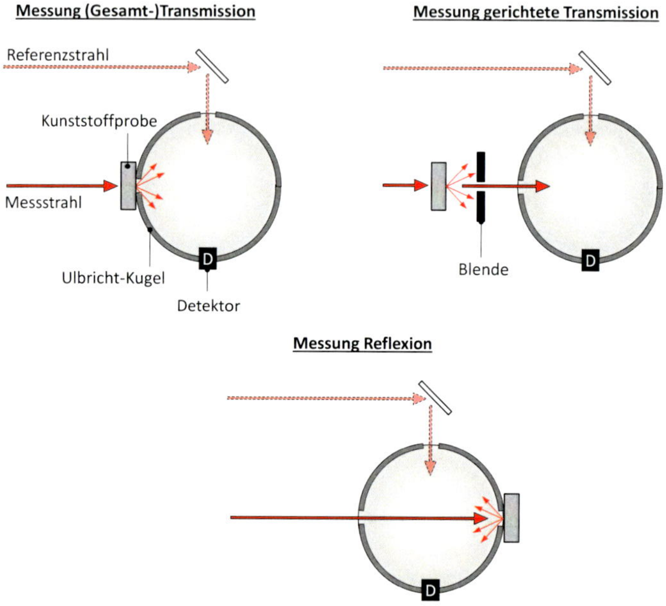

Bild 22: Schematische Probenanordnung im Spektrometer zur Messung von (Gesamt-) Transmission, gerichteter Transmission und Reflexion

Zur Messung der **(Gesamt-) Transmission** wird die Kunststoffprobe unmittelbar vor die Öffnung der Ulbricht-Kugel platziert. Die Ulbricht-Kugel ist an der Innenseite mit einem Reflexionsstandard (Spectralon®) beschichtet, der eine gleichmäßig hohe Reflexionscharakteristik über den gesamten Messbereich des Photospektrometers besitzt [96]. Der durch die Kunststoffprobe durchdringende Teil der Messstrahlung tritt vollständig in die Ulbricht-Kugel ein und wird dort durch Mehrfachreflexion auf den Detektor leitet (Bild 22). Bei der Messung der **Reflexion** befindet sich die Kunststoffprobe direkt hinter der Öffnung auf der Rückseite der Ulbricht-Kugel, die bei der Transmissionsmessung durch einen reflektierenden Deckel verschlossen ist.

Eine zusätzliche Größe, die neben der Reflexion und (Gesamt-) Transmission gemessen wird, um das Streuverhalten eines Kunststoffs einzuschätzen, ist die **gerichtete Transmission**. Die Messung erfolgt analog zur Transmissionsmessung, mit dem Unterschied, dass zwischen der Probe und der Ulbricht-Kugel eine Blende platziert wird, deren Apertur dem Querschnitt des Messstrahls entspricht (Bild 22).

Die Blende sorgt dafür, dass nur der Teil der Strahlung zum Detektor gelangt, der beim Durchqueren der Kunststoffprobe seine Propagationsrichtung nicht verändert hat. Das Verhältnis der gerichteten zur gesamten Transmission gibt somit Aufschluss dar-über, wie stark der Kunststoff die hindurchtretende Strahlung streut. Bild 23 zeigt die gemessenen Spektren für die gesamte und die gerichtete Transmission am Beispiel von Polycarbonat, als Vertreter für die Gruppe der amorphen Thermoplaste.

Bild 23: Transmissions- und Reflexionsspektren von Polycarbonat, Probendicke: 1mm

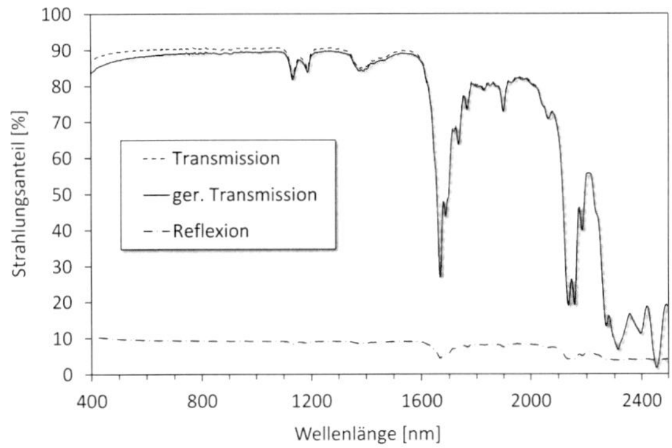

Der nahezu deckungsgleiche Verlauf der Kurven deutet darauf hin, dass die transmittierte Strahlung keinem nennenswerten Streueinfluss unterliegt. Ebenso verhält es sich auch bei anderen amorphen Kunststoffen, weshalb sich die Strahlausbreitung in dieser Kunststoffgruppe, sofern keine Zusatzstoffe enthalten sind, vergleichsweise einfach beschreiben lässt. Dazu bedarf es der drei optischen Materialparameter α, r und n, die in Abschnitt 3.1 bereits eingeführt wurden. Diese Parameter lassen sich nicht direkt messen, sondern müssen aus Messwerten für die Transmission und Reflexion berechnet werden. Das Vorgehen dazu soll kurz erläutert werden.

Immer dann, wenn die Strahlung auf eine der beiden Grenzflächen eines Kunststoffbauteils trifft, wird ein Teil r zurückgeworfen, während der restliche Teil (1-r) hindurchdringt. Auf diese Weise teilt sich die Strahlung gemäß Bild 24 immer weiter auf. Für den Fall, dass die Strahlung von dem Kunststoff absorbiert wird, können die einzelnen Strahlungsanteile mithilfe des Lambert-Beer'schen Gesetzes (Gl. 2) mathematisch formuliert werden.

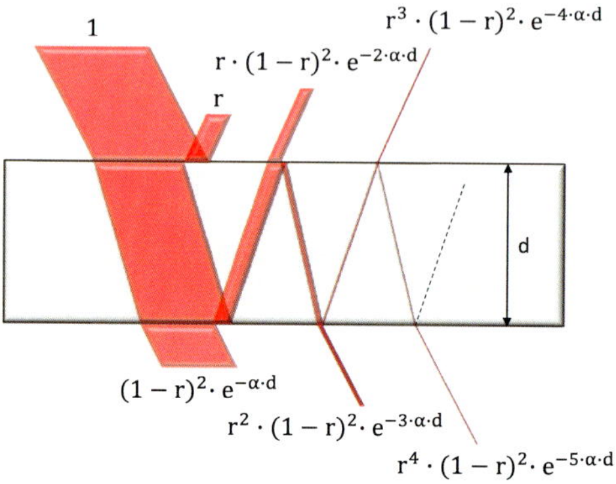

Bild 24: Mehrfachreflexion zwischen den Grenzflächen eines Kunststoffteils

Die Strahlungsanteile auf der Ein- und Austrittsseite bilden als Bestandteile der Reflexion bzw. der Transmission die Partialsummen einer konvergierenden geometrischen Reihe, deren Wert sich bestimmen lässt mit:

$$\sum_{k=0}^{\infty} a_0 \cdot q^k = \frac{a_0}{1-q} \qquad \text{Gl. 19}$$

Die damit ermittelten Ausdrücke bilden ein Gleichungssystem mit zwei Unbekannten, das sich mit den gemessenen Reflexions- und Transmissionswerten lösen lässt.

$$T = \frac{(1-r)^2 \cdot e^{-\alpha \cdot d}}{1 - r^2 \cdot e^{-2 \cdot \alpha \cdot d}} \qquad \text{Gl. 20}$$

$$R = r + r \cdot \frac{(1-r)^2 \cdot e^{-2 \cdot \alpha \cdot d}}{1 - r^2 \cdot e^{-2 \cdot \alpha \cdot d}} \qquad \text{Gl. 21}$$

Zur Berechnung des Brechungsindex n werden die Fresnelschen Formeln herangezogen und zwar für den Fall unpolarisierter und senkrecht auf die Grenzfläche einfallender Strahlung. Auch bei schräg einfallender Strahlung kann die Gleichung in guter Näherung angewendet werden, sofern der Einfallswinkel nicht größer als ca. 50 Grad ist. Im Falle größerer Einfallswinkel, auch wenn sie in der Praxis eher untypisch sind, gelten andere Fresnelsche Formeln [97].

$$r = \frac{(n_2 - n_1)^2 + (n_2 \cdot k_2)^2}{(n_2 + n_1)^2 + (n_2 \cdot k_2)^2} \quad \text{Gl. 22}$$

n1, n_2: Brechungsindizes der angrenzenden Medien (nLuft≈1)

k_2: Extinktionsindex ($= \frac{\alpha \cdot \lambda_0}{4 \cdot \pi \cdot n_2}$)

Umgestellt nach n_2, kann die Gleichung mithilfe des zuvor bestimmten Wertepaares r und α gelöst werden. Diese Gleichung berücksichtigt auch das Absorptionsvermögen des bestrahlten Werkstücks, das im Spektralbereich, der für das absorberfreie Laserdurchstrahlschweißen genutzt wird, nicht vernachlässigt werden darf [98]. Wird die Strahlung von dem Werkstoff nicht absorbiert, nimmt der Extinktionsindex k_2 den Wert Null an und die Gleichung vereinfacht sich entsprechend. Mit dem Brechungsindex ist der letzte optische Parameter des Kunststoffs bestimmt, so dass die Strahlverteilung im Kunststoff nun vollständig beschrieben werden kann. Es sei darauf hingewiesen, dass der beschriebene Ansatz nur für nichtstreuende Kunststoffe gilt. Bei streuenden Kunststoffen sind zusätzliche Parameter notwendig, die das Streuverhalten charakterisieren. Diese können mit dem Vier-Fluss-Modell bestimmt werden, auf das hier nicht weiter eingegangen werden soll [99].

Strahldiagnostik

Zu den charakteristischen Eigenschaften des Laserstrahls zählen seine Wellenlänge und die räumliche Ausbreitung. Die Wellenlänge des Strahls kann in der Regel dem Datenblatt der Laserquelle entnommen oder bei Bedarf mithilfe eines Spektrometers gemessen werden. Die räumliche Intensitätsverteilung der Strahlung ist keine spezifische Eigenschaft der Strahlquelle wie die Emissionswellenlänge, sondern von dem optischen System abhängig, das zur Strahlformung eingesetzt wird. Sie muss daher für jede optische Konfiguration individuell gemessen werden.

Das eingesetzte Messgerät zur Vermessung der räumlichen Strahlverteilung, der sogenannten Strahlkaustik, trägt die Bezeichnung FocusMonitor (Fa. Primes). Es verfügt über eine rotierende Messspitze, mit der die Intensität im Strahlquerschnitt zeilenweise abgetastet wird. Dazu hat die Messspitze auf ihrer Oberfläche eine kleine Öffnung (Pinhole), durch die ein Teil der Strahlung ins Innere gelangt und von dort aus über Spiegel zum Detektor geleitet wird. Der Detektor wandelt die einfallende Strahlung in ein elektrisches Signal um, aus dem das Intensitätsprofil des Strahls in der Messebene berechnet wird (Bild 25).

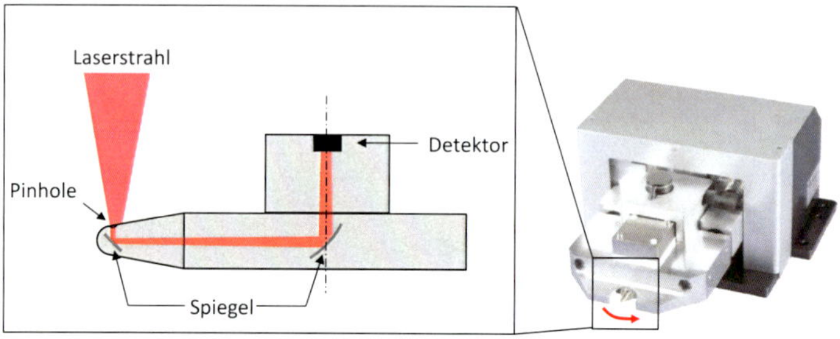

Bild 25: Prinzipskizze des Strahlengangs im FocusMonitor

Im Abschnitt 3.3.1 ist bereits erwähnt worden, dass die Intensität der eingesetzten Strahlquelle gaußverteilt ist. Der Strahl besitzt also keinen scharfen Rand bzw. Radius. Als Radius des Strahls ist deshalb derjenige Abstand zur Mittelachse definiert, in dem die maximale Intensität der betrachteten Ebene $I_0(z)$ auf den Anteil $1/e^2$ (13,5 %) abgefallen ist. Die Bestimmung des Strahlradius erfolgt in mehreren Ebenen beiderseits des Fokus. Anschließend wird die Strahlkaustik mithilfe einer Funktion angenähert, aus der die Rayleighlänge und der Divergenzwinkel des Strahls automatisch berechnet werden.

3.4.2 Charakterisierung der Fügezone

Mechanische Festigkeit

Die Bestimmung der mechanischen Festigkeit einer Schweißverbindung erfolgt in einem Zugscherversuch nach DIN EN ISO 527. Für die Vergleichbarkeit der Ergebnisse ist es nicht nur wichtig, dass der Zugscherversuch definiert abläuft, sondern auch die Probenherstellung. Deshalb werden die Flachproben erstens immer mit der gleichen Überlapplänge von 20 mm miteinander verschweißt, um so den Fügedruck konstant zu halten. Des Weiteren beginnt und endet die Schweißnaht mit einem Abstand zum Probenrand, damit an den Stirnflächen kein undefinierter Quetschfluss der Kunststoffschmelze erfolgt. Dieser kann die Anbindungsfläche beider Fügeteile vergrößern und so das Messergebnis beeinträchtigen. Nach einer Abkühlzeit von etwa 5 Sekunden werden die Flachproben aus der Spannvorrichtung entnommen und gemäß folgender Skizze (Bild 26) in der Zugprüfmaschine (Z100, Fa. Zwick) eingespannt. Dabei wird mithilfe von Endanschlägen sichergestellt, dass die Schweißprobe korrekt ausgerichtet und die Prüflast über die gesamte Länge der Schweißnaht gleichmäßig verteilt ist.

Bild 26:
Probenanordnung
beim Zugschertest

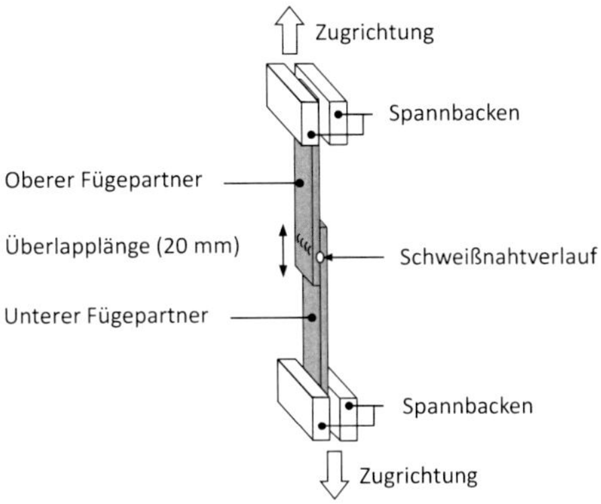

Sobald die Probe eingespannt ist, fahren die Spannbacken mit einem konstanten Vorschub von 50 mm/min auseinander, bis die Schweißnaht versagt. Als Maß für die Nahtfestigkeit wird die während der Beanspruchung maximal auftretende Kraft herangezogen.

Wärmeeinflusszone (WEZ)

Die schnelle Temperaturänderung im Wirkungsbereich des Laserstrahls verursacht im Kunststoff eine Gefüge- sowie Dichteänderung, die unter polarisiertem Licht sichtbar gemacht werden kann. Der Bereich, der sich dabei von dem umliegenden Material visuell abhebt, wird beim Kunststoffschweißen als WEZ bezeichnet. Die Tatsache, dass die WEZ in der Fügeebene ebenso breit ist wie der tatsächliche Anbindungsquerschnitt der Fügeteile, deutet darauf hin, dass sich der Kunststoff innerhalb der WEZ beim Schweißen in der Schmelzphase befunden hat. Der Rand der WEZ kann daher als Schmelzpunktisotherme und damit als ein Indikator für die Temperaturverteilung verstanden werden. Zur Visualisierung der WEZ wird senkrecht zur Vorschubrichtung des Laserstrahls eine dünne Scheibe von dem Probenquerschnitt entnommen und auf einem Objektträger in Immersionsöl gebettet. Für amorphe Kunststoffe haben sich hinsichtlich der Darstellungsqualität der WEZ Dünnschnitte mit einer Dicke zwischen 20 und 40 µm als günstig erwiesen. Zur Herstellung solch dünner Schnitte wird ein Rotationsmikrotom der Firma Leica (RM 2255) verwendet.

4 Grundlegende Betrachtung der Erwärmung im Kunststoff

Ob und unter welchen Bedingungen sich die Fügezone von zwei gleichen Kunststoffteilen selektiv erwärmen lässt, soll in diesem Abschnitt durch eine isolierte Betrachtung der Wechselwirkung zwischen Laserstrahl und Kunststoff geklärt werden. Isoliert meint hierbei, dass die für das Spannen der Kunststoffteile üblicherweise verwendete Spanntechnik nicht berücksichtigt wird, da diese einen signifikanten Einfluss auf die Erwärmung haben kann. Wie dieser Einfluss aussieht und sich sogar im Prozess nutzbar machen lässt, wird im späteren Verlauf thematisiert.

4.1 Voraussetzung für selektiven Energieeintrag

Anders als beim klassischen Laserdurchstrahlschweißen erfolgt die Absorption beim Schweißen optisch gleicher Kunststoffteile nicht nur in der Fügezone, sondern in beiden Fügepartnern gleichermaßen (Bild 27). Dem eindringenden Strahl wird von der Eintrittsebene abwärts sukzessive Energie entzogen, wodurch sich tieferliegende Schichten des Kunststoffs immer weniger erwärmen. Zwischen Eintritts- und Fügeebene entsteht so ein Temperaturunterschied, der dazu führen kann, dass die bestrahlte Oberfläche durch Überhitzung geschädigt wird, ehe die Fügeebene den Schmelzpunkt erreicht. Ebenfalls ungünstig bei solch einer Temperaturverteilung ist die thermische Ausdehnung des erwärmten Kunststoffvolumens, das ungehindert zur bestrahlten Oberfläche hin expandiert und dort einen Wulst bildet (Bild 27). Dadurch wird nicht nur die Optik des geschweißten Bauteils beeinträchtigt, sondern auch dessen innerer Spannungszustand. Eine Änderung des Spannungszustands kann insbesondere bei einer flachen Geometrie, wie sie LoC-Bauteile häufig haben, zu Verzug führen. Um eine Schweißnaht ohne die Gefahr einer thermischen Schädigung und Wulstbildung auf der Eintrittsoberfläche erzeugen zu können, sollte die Erwärmung daher selektiv und zwar möglichst in der Fügeebene erfolgen. Randnahe Schichten können so unter der Erweichungstemperatur gehalten werden und bewahren eine ausreichend hohe Formstabilität, um der Wärmeausdehnung entgegenwirken zu können.

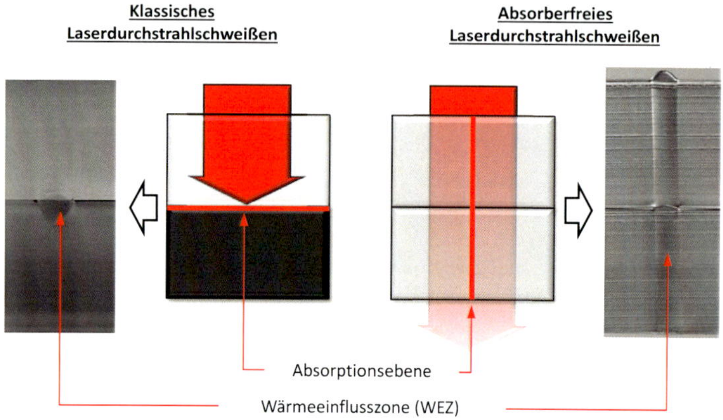

Bild 27: Strahlungsdeposition beim klassischen und absorberfreien Laserdurchstrahlschweißen und die typischen Ausprägungen der Wärmeeinflusszone

Die Voraussetzungen für eine selektive Erwärmung können aus der Fourier'schen Differentialgleichung hergeleitet werden, die das instationäre Temperaturfeld eines strahlungserwärmten Kunststoffs beschreibt (Gl. 7). Der Gleichung zufolge ist der zeitliche Temperaturgradient, also die Erwärmung dort am größten, wo die Summe der beiden Terme auf der rechten Gleichungsseite maximal ist. Da die Energie beim Konturschweißen typischerweise deutlich schneller zugeführt, als über Wärmeleitung abgeführt wird (Γ>>1), kann letztere vernachlässigt werden (k=0). Daraus folgt, dass die Erwärmung näherungsweise proportional zum Quellterm und damit zur Intensität der Strahlung ist.

$$\rho \cdot c \cdot \frac{\partial T}{\partial t} \sim \alpha \cdot I \qquad \text{Gl. 23}$$

Die Intensität eines fokussierten Laserstrahls ist in der Strahltaille am höchsten und würde dort entsprechend die größte Wärmemenge erzeugen. Ins Innere eines Kunststoffs fokussiert, verliert der Strahl jedoch durch Absorption an Intensität je tiefer er eindringt (Gl. 2). Zwischen Eintrittsoberfläche und Fügeebene wirken also zwei Mechanismen einander entgegen, aus deren Wechselwirkung sich die räumliche Intensitäts- und letztlich Temperaturverteilung ergibt (Bild 28).

Findet zwischen Laserstrahl und Kunststoff keine Relativbewegung statt, so bleibt die Intensität, die lokal auf den Kunststoff wirkt, über den Zeitraum der Bestrahlung unverändert. Das Temperaturfeld entwickelt sich gemäß Gl. 23 proportional zur Intensität und der Bestrahlungsdauer.

Bild 28:
Einfluss von Fokussierung und Absorption auf die Intensität

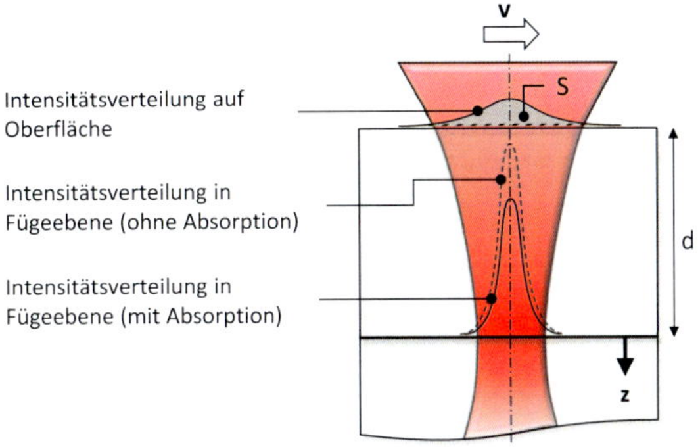

Anders sieht es aus, wenn der Laserstrahl mit der Geschwindigkeit v über den Kunststoff geführt wird. Der Kunststoff erfährt in dem Fall eine Intensität, die in ihrem zeitlichen Verlauf dem räumlichen Intensitätsprofil des Laserstrahls entspricht (Bild 28). Die Temperaturzunahme über den Zeitraum der Wechselwirkung kann bestimmt werden, indem Gl. 23 zeitlich integriert wird. Dazu wird die Integrationsvariable dt durch dx/v ausgedrückt und das Zeitintegral so in ein Raumintegral überführt. Der resultierende Ausdruck S hat die Dimension J/m^3 und beschreibt die Verteilung der volumenspezifischen Energie, die der Laserstrahl im Kunststoff deponiert.

$$S = \rho \cdot c \cdot \Delta T = \frac{\alpha}{v} \int I(x, y, z, \alpha) dx \qquad \text{Gl. 24}$$

Es ist darauf zu achten, dass die beiden konstituierenden Funktionen des Integranden, das Lambert-Beer'sche-Gesetz (Gl. 2) und die Radiusfunktion des Gaußstrahls (Gl. 10), ein gemeinsames Bezugssystem haben und entsprechend formuliert sind. Das hier verwendete Bezugssystem ist in Strahlrichtung orientiert und besitzt den Ursprung in der Kontaktebene der beiden Fügeteile (Bild 28). Für das Lambert-Beer'sche-Gesetz bedeutet das eine Verschiebung der Laufkoordinate um die Dicke d des oberen Fügeteils. Um eine Verlagerung der Fokuslage relativ zum

Ursprung des Bezugssystems abzubilden, wird in der Radiusfunktion der Verschiebungsfaktor z_0 eingeführt.

$$I(x,y,z,\alpha) = I_0 \cdot \left(\frac{w_0}{w(z-z_0)}\right)^2 \cdot e^{-\alpha\cdot(d+z)} \cdot e^{-\frac{2\cdot(x^2+y^2)}{w(z-z_0)^2}} \qquad \text{Gl. 25}$$

Das Integral von Gl. 25 lässt sich einfach bestimmen, da nur der letzte Term die Integrationsvariable enthält und in die Integralbildung eingeht. Nach Integration und einer anschließenden Substitution von I_0 gemäß Gl. 15 ergibt sich für S:

$$S = \underbrace{\alpha \cdot \frac{\sqrt{2}\cdot P}{\sqrt{\pi}\cdot v}}_{\text{Energieniveau}} \cdot \underbrace{\frac{1}{w(z-z_0)} \cdot e^{-\frac{2\cdot y^2}{w(z-z_0)^2}-\alpha\cdot(d+z)}}_{\text{Energieverteilung}} \qquad \text{Gl. 26}$$

Die Gleichung besteht aus zwei wesentlichen Teilen, von denen einer den qualitativen Verlauf der Verteilung und der andere ihr quantitatives Niveau angibt. Letzterer enthält die beiden Prozessparameter Laserleistung P und Vorschubgeschwindigkeit v, die sich zur Streckenenergie E_S, einer beim Laserdurchstrahlschweißen häufig gebräuchlichen Größe, zusammenfassen lassen. Die Streckenenergie gibt die Menge an Energie an, die pro Streckeneinheit auf den Kunststoff eingestrahlt wird.

$$E_S = \frac{P}{v} \qquad \text{Gl. 27}$$

In Bild 29 a) ist S für einen beispielhaft gewählten Parametersatz visualisiert. Zu erkennen ist, dass die Energiedichte in der Ebene (y=0), die durch die Vorschubrichtung und die Mittelachse des Laserstrahls aufgespannt wird, am größten und damit für die hier betrachtete Längsausdehnung der WEZ maßgebend ist.

Bild 29:
Einfluss von Fokussierung und Absorption auf die Intensität

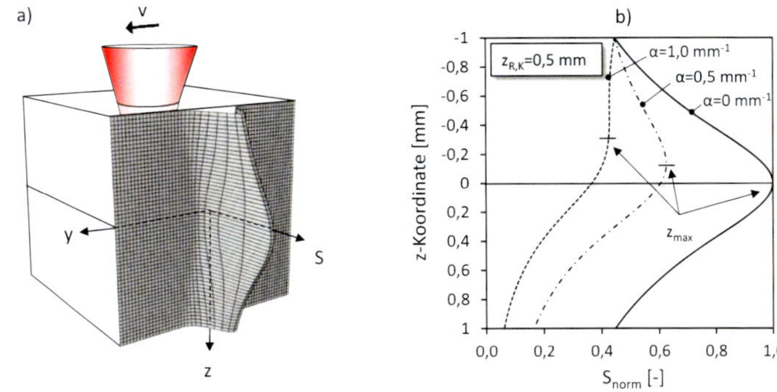

Die Verteilung in dieser Ebene ist im rechten Bildteil am Beispiel eines Laserstrahls mit einer Rayleighlänge (im Kunststoff) $z_{R,K}$=0,5 mm für verschiedene Absorptionskoeffizienten in normierter Form aufgetragen. Die höchste Energiedichte befindet sich in der Fokusebene (z=0), allerdings nur solange der Kunststoff die Strahlung nicht absorbiert. Nimmt die Absorption zu, fällt die Verteilung zunehmend flacher aus, während sich ihr Maximum zur Eintrittsoberfläche verschiebt. Der zuvor eingeführte Verschiebungsfaktor z_0 bietet die Möglichkeit, dieser Verschiebung des Maximums durch eine entsprechende Verlagerung der Fokuslage entgegenzuwirken (Gl. 29).

Erwärmt sich der Kunststoff proportional zu S (Gl. 24), so kann die Erwärmung in der Fügeebene nur dann selektiv erfolgen, wenn S dort über ein Maximum verfügt. Die Existenz und die Lage eines Maximums können ermittelt werden, indem die Ableitung von Gl. 26 in der Ebene y=0 auf Nullstellen untersucht wird. Der Ausdruck für die Nullstellen hat folgende Form und gibt bei positivem (negativem) Wurzelvorzeichen die Lage des Maximums (Minimums) an.

$$z_{max/\min} = z_0 - \frac{1}{2\alpha} \pm \sqrt{\left(\frac{1}{2\alpha}\right)^2 - z_{R,K}^2} \qquad \text{Gl. 28}$$

Da das Maximum der Verteilung sinnvollerweise in der Fügeebene (z_{max}=0) liegen sollte, kann die dazu erforderliche Verschiebung der Fokusebene durch Umstellung der Gleichung ermittelt werden.

$$z_0 = \frac{1}{2\alpha} - \sqrt{\left(\frac{1}{2\alpha}\right)^2 - z_{R,K}^2} \qquad \text{Gl. 29}$$

Die Nullstellen ebenso wie der Verschiebungsfaktor sind nur dann reelle Zahlen, wenn der Ausdruck unter der Wurzel nicht negativ ist. Dazu müssen die Rayleighlänge des Laserstrahls und der Absorptionskoeffizient des Kunststoffs in folgendem Verhältnis zueinander stehen:

$$z_R \leq \frac{1}{2\alpha} \qquad \text{Gl. 30}$$

In Bild 29 b) ist für α=1,0 mm^{-1} zu erkennen, dass die Verteilung S derart verlaufen kann, dass sie zunächst ein Minimum annimmt, bevor sie auf das Maximum ansteigt. Die Temperatur würde also nicht wie gewünscht beiderseits der Fügeebene kontinuierlich abnehmen, sondern zur bestrahlten Oberfläche hin wieder zunehmen, nachdem sie zuvor ein Minimum durchquert hat. Um sicherzustellen, dass die Temperatur den gewünschten Verlauf nimmt, werden mithilfe folgender Bedingung nur Lösungen zugelassen, bei denen das Minimum der Verteilung außerhalb des Kunststoffs liegt.

$$|z_{max} - z_{min}| = 2\sqrt{\left(\frac{1}{2\alpha}\right)^2 - z_R^2} \geq d \qquad \text{Gl. 31}$$

Nach Umstellung ergibt sich gegenüber Gl. 30 eine etwas stringentere Bedingung, mit der die Rayleighlänge nicht nur mit dem Absorptionskoeffizienten, sondern zusätzlich auch mit der Dicke des oberen Kunststoffteils verknüpft wird.

$$z_R \leq \sqrt{\left(\frac{1}{2\alpha}\right)^2 - \left(\frac{d}{2}\right)^2} \qquad \text{Gl. 32}$$

Auch hier ist die Lösungsmenge nur dann reell, wenn gilt:

$$\alpha < \frac{1}{d} \qquad \text{Gl. 33}$$

Aufgrund der eingangs getroffenen Vereinfachung ist es leicht nachzuvollziehen, dass die hergeleiteten Bedingungen Gl. 32 & 33 notwendig, jedoch nicht hinreichend sind für eine selektive Erwärmung. Die letztendliche Ausprägung des Temperaturfeldes hängt neben der räumlichen Verteilung der Energie auch davon ab, wie groß die Energiemenge ist und über welchen Zeitraum diese eingetragen wurde. Die Temperaturabhängigkeit der Stoffdaten von Kunststoffen ist grundsätzlich zu berücksichtigen, auch wenn sie bei den hier betrachteten amorphen Kunststoffen gegenüber teilkristallinen Kunststoffen relativ schwach ausgeprägt ist [100]. Diese Faktoren lassen sich mithilfe der thermischen Prozesssimulation und des in Abschnitt 3.3 hergeleiteten Modells bequem mit in die Betrachtung des Energieeintrags aufnehmen.

4.2 Probenmaterial und Lasersystem

Bevor im nächsten Kapitel die thermischen Simulationen erfolgen, werden an der Stelle kurz das später experimentell eingesetzte Material und Lasersystem vorgestellt, deren Daten dem Prozessmodell zugrundliegen.

Stellvertretend für die Gruppe der amorphen bzw. nicht streuenden Kunststoffe wird Polycarbonat (PC) als Probenmaterial verwendet, das über eine sehr große Marktrelevanz verfügt. Es wird aufgrund seiner Transparenz in vielen optischen Anwendungen u.a. Speichermedien, LED-Technik oder dem In- und Exterieur von Automobilen eingesetzt [101]. Auch in der Medizintechnik ist der Einsatz von PC weit verbreitet. Nicht nur aufgrund seiner Transparenz und Biokompatibilität, sondern vor allem aufgrund seiner Beständigkeit gegenüber den gängigen Sterilisationsmedien wie Heißdampf, Ethylenoxid oder Gamma-Strahlung [102]. Wenn es um LoC-Anwendungen geht, ist PC ebenfalls oft der Kunststoff der Wahl, weil er eine geringe Schwindung und Wasseraufnahme aufweist und dadurch nach der Formgebung sehr maßhaltig ist.

Neben der Marktrelevanz ist für die Wahl von PC als Probenmaterial vor allem dessen Eignung für die Analyse entscheidend gewesen. Hier haben sich Polystyrol (PS) und Polymethylmethacrylat (PMMA), die im Vorfeld getestet wurden, als ungeeignet erwiesen. Aufgrund ihrer Sprödigkeit neigten beide Kunststoffe bei der Anfertigung von Dünnschnitten zur Rissbildung. Anders das duktilere PC, mit dem sich Mikrotomschnitte deutlich einfacher und vor allem rissfrei herstellen lassen. Auch in Bezug auf das Mikroskopbild waren beide Kunststoffe dem PC unterlegen, bei dem sich die WEZ unter polarisiertem Licht deutlich schärfer vom umgebenden

Material abhebt und so besser vermessen lässt. Die wichtigsten Eigenschaften des verwendeten PC-Typs sind in Tabelle 3 zusammengefasst.

Makrolon® GP clear 099	
Zug-E-Modul **E** [MPa]	2400
Spezifische Wärmekapazität **c** [J/g·K]	1,17
Dichte **ρ** [g/cm³]	1,2
Wärmeleitfähigkeit **k** [W/m·K]	0,2
Vicat-Erweichungstemperatur $\mathbf{T_E}$ [°C]	148
Schmelztemperatur[3] $\mathbf{T_S}$ [°C]	220
Entflammungstemperatur[3] $\mathbf{T_F}$ [°C]	520

Tabelle 3: Eigenschaften von PC [103]

Bild 30 zeigt das Absorptionsspektrum des verwendeten PC-Typs, das aus den Transmissions- und Reflexionsspektren gemäß den Gl. 20 und 21 ermittelt wurde.

Bild 30: Absorptionsspektren von PC mit versch. Absorberkonzentrationen, Probendicke: 1mm

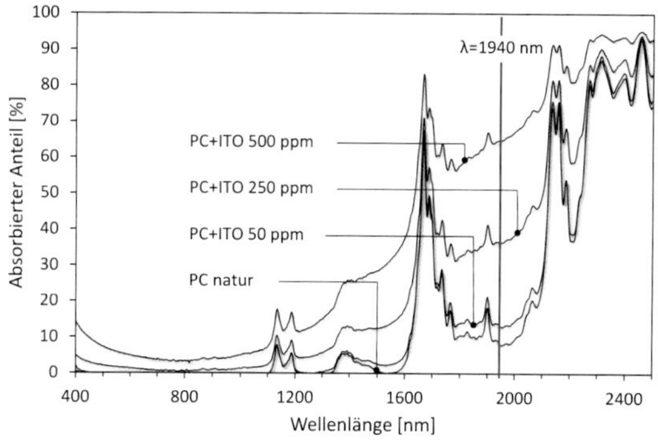

Zur Ausnutzung der intrinsischen Absorption des Probenwerkstoffs wird ein Thulium-Faserlaser eingesetzt, der Strahlung mit 1940 nm Wellenlänge emittiert. Er verfügt über eine hohe Strahlgüte, die es erlaubt, den Strahl sehr stark zu fokussieren. Diese Eigenschaft kann speziell bei LoC-Anwendungen von Vorteil sein, bei denen die Kanalstrukturen oftmals nur wenige hundert Mikrometer voneinander

3 Angaben waren nicht im Datenblatt des Materials enthalten. Es handelt sich um allgemeine Werte für PC, die bei dem vorliegenden PC-Typ geringfügig abweichen können (Werte entnommen aus [104]).

entfernt liegen und durch feine Schweißnähte zueinander abgedichtet werden müssen. In Tabelle 4 sind die wesentlichen Spezifikationen des verwendeten Thulium-Faserlasers zusammengefasst.

Hersteller	IPG Photonics Corporation
Modell	TLR-100-1940
Maximale Ausgangsleistung (P_{Max})	100 W
Emissionswellenlänge (λ)	1940 ± 1,5 nm
Beugungsmaßzahl (M^2)	<1,1

Tabelle 4: Spezifikationen des verwendeten Thulium-Faserlasers [104]

Wie dem Absorptionsspektrum (Bild 30) zu entnehmen ist, wird die Strahlung des Thulium-Faserlasers von dem verwendeten PC (natur) vergleichsweise schwach absorbiert. Bei anderen Kunststoffen kann die Absorption bei dieser Wellenlänge deutlich stärker ausgeprägt sein. Um den Einfluss der Absorption auf den Energieeintrag über einen breiten Bereich untersuchen zu können, werden PC-Proben mit unterschiedlichen Konzentrationen des Absorbers Indiumzinnoxid (ITO) verwendet. Einen Überblick über die optischen Eigenschaften des PC in Abhängigkeit der ITO-Konzentration liefert Tabelle 5.

Absorber-Konzentration [ppm]	T [%]	R [%]	α [mm^{-1}]	r [-]	n [-]
0 (natur)	81,7	9,3	0,1	0,05	1,6
50	77,6	8,7	0,2	0,05	1,6
250	56,5	7,0	0,5	0,05	1,6
500	29,8	5,5	1,1	0,05	1,6

Tabelle 5: Optische Eigenschaften von PC bei versch. Absorber-Konzentrationen und λ=1940 nm

Die Kenntnis über den Einfluss des Absorptionskoeffizienten auf den Energieeintrag soll in der Praxis die Möglichkeit bieten, eine Laserquelle gezielt nach den Absorptionseigenschaften des verwendeten Kunststoffs auszuwählen, um einen optimalen Energieeintrag in die Fügezone zu erreichen.

4.3 Analyse simulierter Temperaturfelder

Die Simulationen werden durchgeführt, indem die Wärmeleitungsgleichung (Gl. 7) numerisch mit der Software COMSOL Multiphysics® gelöst wird. Diese Simulationsplattform besteht aus verschiedenen Modulen, mit denen bestimmte physikalische Effekte modelliert werden können. Der Laserschweißprozess, charakterisiert durch die Erzeugung und den Transfer von Wärme, wird mithilfe des „Heat Transfer Module" simuliert.

Das analysierte Prozessmodell bildet zwei spaltfrei aufeinander liegende Fügeteile aus PC ab, jeweils mit einer Dicke d=1 mm. Den Energietransfer von dem Laserstrahl auf den Kunststoff beschreibt der Quellterm Φ, der gemäß Gl. 18 implementiert wird. Die dem Modellvolumen zugewiesenen optischen und thermophysikalischen Stoffdaten sind einerseits gemessen (Tabelle 4) und zum anderen aus Literatur entnommen [106]. Die Beugungsmaßzahl des Laserstrahls ist mit M^2=1 als ideal angenommen.

Als erstes soll die Korrelation zwischen der Verteilung der volumenspezifischen Energie S (Gl. 26) und der daraus resultierenden Temperaturverteilung untersucht werden. Beide Größen werden dazu parallel zur Strahlachse aufgetragen (Bild 31). Angelehnt an das reale Absorptionsverhalten von PC gegenüber der Strahlung des später verwendeten Thulium-Faserlasers, wird der Absorptionskoeffizient des Modellvolumens mit α=0,1 mm^{-1} angesetzt (Tabelle 4). Die dargestellten Kurven wurden mit der Streckenergie E_S=0,5 J/mm berechnet (Gl. 27).

Bild 31:
Verteilung der spez. Energie (links) und Temperatur[4] (rechts) entlang der Strahlachse (y=0), Laserstrahl dringt bei z=-1 mm mit P=5 W und v=10 mm/s ein

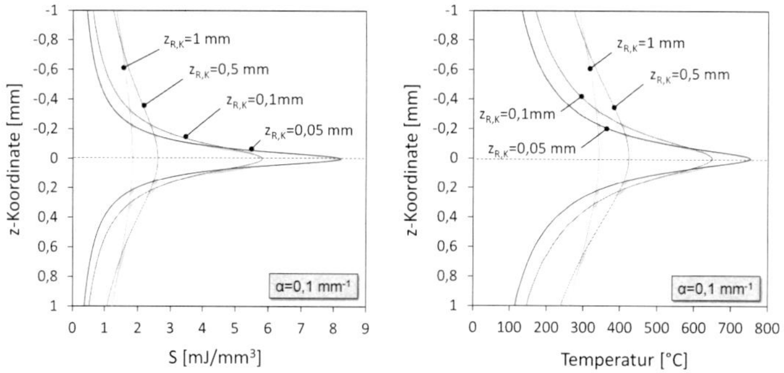

Gemäß Gl. 32 beträgt die kritische Rayleighlänge für selektiven Energieeintrag mit der angenommenen Dicke und Absorption des Modellvolumens $z_{R,K}$=4,97 mm. Die dargestellten Rayleighlängen liegen alle unterhalb dieses Grenzwertes und

[4] Durch die Bewegung des Laserstrahls ändert sich die Temperatur über den Zeitraum der Wechselwirkung. Abgebildet ist jeweils der Zeitpunkt, an dem die Temperatur ihren Maximalwert erreicht.

generieren wie erwartet eine zunehmend schmalere Verteilung mit größerem Maximum, je weiter sie unter dem kritischen Wert liegen. Gleiches gilt auch für die berechneten Temperaturverteilungen, wobei hier die Relationen zwischen Maximalwert und dem Wert auf der Eintrittsfläche (z=-1 mm) kleiner sind. So liegt z. B. für $z_{R,K}$=0,05 mm die Energie im Maximum um etwa den Faktor 18, die Temperatur hingegen nur um den Faktor 6 über dem jeweiligen Wert auf der Eintrittsfläche. Das Temperaturfeld weist also nicht das Maß an räumlicher Selektivität auf, wie es die dazugehörige Verteilung der volumenspezifischen Energie suggeriert. Zurückzuführen ist dies auf die verstärkte Wärmeabfuhr aus dem Fügebereich, aufgrund der dort hohen Temperaturgradienten.

Sollen unter den angenommenen Bedingungen (α=0,1 mm^{-1}, E_S=0,5 J/mm) zwei Fügeteile aus PC verschweißt werden, ohne dass die Temperatur auf der Strahleintrittsfläche den Erweichungspunkt (Tg=148 °C) erreicht, so darf die Rayleighlänge maximal bei etwa $z_{R,K}$=0,05 mm liegen (Bild 31). Die Rayleighlänge des freilaufenden Strahls beträgt in dem Fall $z_{R,0}$=0,03 mm (Gl. 12), was einem Öffnungswinkel θ=8,2° entspricht. Natürlich lässt sich auch mit einer größeren Rayleighlänge, sofern diese die Voraussetzung für Selektivität erfüllt (Gl. 32), der Fügebereich selektiv plastifizieren, indem die Streckenenergie reduziert wird. Dies kann durch Senkung der Laserleistung oder aber durch einen größeren Vorschub erreicht werden (Gl. 27), wie nachfolgend für $z_{R,K}$=0,1 mm gezeigt (Bild 32).

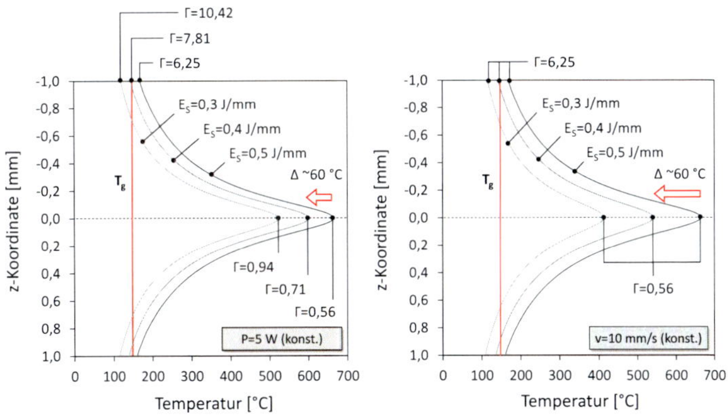

Bild 32: Temperaturverteilung für $z_{R,K}$=0,1 mm bei verschiedenen Streckenenergien, eingestellt durch Variation des Vorschubs (links) oder der Laserleistung (rechts)

In beiden Fällen kann durch Verringerung der Streckenenergie von 0,5 auf 0,4 J/mm die Oberflächentemperatur knapp unter den Erweichungspunkt gesenkt werden. Auffällig sind die Temperaturen in der Fügezone, die sich trotz gleicher Streckenenergien deutlich voneinander unterscheiden. Während die Temperatur bei Anpassung des Vorschubs um etwa 60 °C abfällt, ist der Temperaturabfall bei Leistungsanpassung um den Faktor 2 größer. Ursache für den geringeren Temperaturabfall ist der höhere Vorschub, durch den sich der Einfluss der Diffusion, angezeigt durch die Kennzahl Γ (Gl. 9), verringert. Die Wärme hat also besonders in der Fügezone weniger Zeit abzufließen, so dass hier höhere Temperaturspitzen entstehen. Auf der Oberfläche, wo der Energietransport ohnehin schon durch Konvektion dominiert wird, fallen Vorschubänderungen hingegen weniger ins Gewicht.

Eine Änderung des Absorptionskoeffizienten hat gemäß Gl. 26 zweierlei Einfluss auf die deponierte Energie und die daraus resultierende Temperatur. Sie verändert sowohl das Gesamtniveau als auch die Verteilung beider Größen. Für eine bessere Vergleichbarkeit der Ergebnisse wurde in den Simulationen bei konstantem Vorschub die Laserleistung so angepasst, dass das Energieniveau, also das Produkt α·P, konstant bleibt. So nehmen bei gleicher Rayleighlänge die Oberflächentemperaturen in etwa gleiche Werte an. In Bild 33 sind die berechneten Temperaturverteilungen für zwei verschiedene Absorptionskoeffizienten dargestellt.

Bild 33: Temperaturverteilung für verschiedene Rayleighlängen und Absorptionskoeffizienten bei: v=10 mm/s.

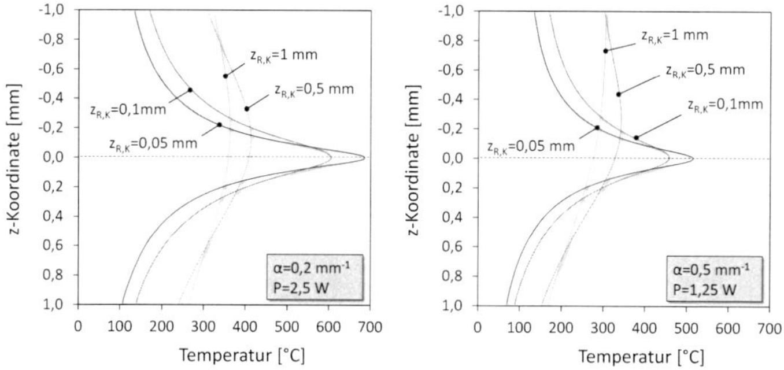

Zu erkennen ist, dass bei einem größeren Absorptionskoeffizient die Maximaltemperatur gegenüber der Oberflächentemperatur deutlich abnimmt und sich mit zunehmender Rayleighlänge nach oben verschiebt. Bei α=0,5 mm^{-1} ist der Strahl mit $z_{R,K}$=1 mm nicht mehr in der Lage, ein Temperaturmaximum im Inneren des Kunststoffs zu erzeugen, da der Grenzwert für die Rayleighlänge durch den höheren Absorptionskoeffizienten auf z_R=0,87 mm (Gl. 32) fällt und der Strahl somit die für Selektivität notwendige Bedingung verletzt.

Den bisherigen Simulationsergebnissen liegt ein idealer Gaußstrahl (M^2=1) zugrunde. Reale Strahlen besitzen jedoch eine geringere Strahlgüte und werden sich entsprechend bei gleichem Öffnungswinkel nicht so stark fokussieren lassen. Interessant ist deshalb, welche Auswirkungen dadurch auf den Energieeintrag in der Praxis zu erwarten sind. Auf der linken Seite von Bild 34 ist beispielhaft der Radius eines Strahls bei verschiedenen Beugungsmaßzahlen aufgetragen. Der Strahl mit anfänglich θ_L=20° ist in Polycarbonat fokussiert und besitzt darin einen Öffnungswinkel von θ_K=12,3°. Wird nun gemäß Gl. 26 die Verteilung der deponierten Energie berechnet, ergibt sich in der Isodosen-Darstellung[5] für die verschiedenen Beugungsmaßzahlen das Bild auf der rechten Seite. Darauf zu erkennen ist, dass die Isodose für M^2=1 in der Fokusebene stark eingeschnürt ist, dort also sehr große Energie- und dementsprechend Temperaturgradienten herrschen. Nimmt die Beugungsmaßzahl zu, wird die Isodose im Fokusbereich nach außen gezogen. Ober- und unterhalb der Fokusebene ändert sich die Isodose hingegen kaum. Eine geringere Strahlgüte wirkt sich also hauptsächlich auf den unmittelbaren Fokusbereich aus, indem dort die Energie mehr in die Breite verteilt wird. Das würde in der Praxis den Vorteil haben, dass dadurch die hohen Temperaturspitzen reduziert würden, die nach den Berechnungen (Bild 25-27) teils weit über der Entflammungstemperatur von PC liegen (Tabelle 3).

5 Die Isodose ist die Schnittdarstellung der räumlichen Verteilung der deponierten spezifischen Energie (siehe Bild 29) parallel zu Grundebene und ist als Linie gleicher spezifischer Energie zu verstehen. Berechnet wird die Isodose durch Auflösung von Gl. 26 nach y.

Bild 34:
Strahlkaustiken (links) und Isodosen (rechts) bei unterschiedlichen Beugungsmaßzahlen. Kaustik ist nicht über den gesamten Bauteilquerschnitt dargestellt!

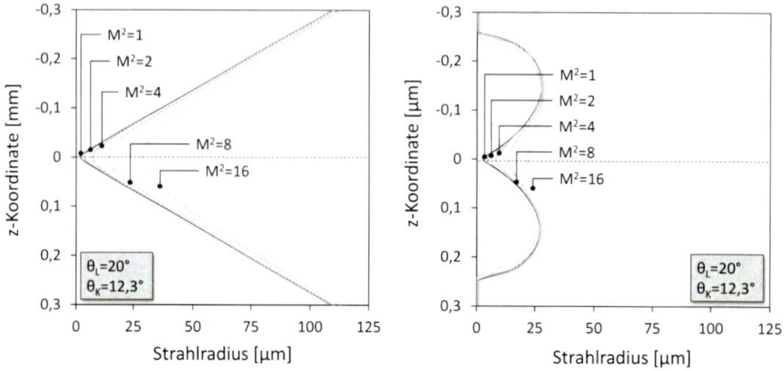

In Bild 35 sind die Temperaturfelder für den betrachteten Strahl abhängig von der Beugungsmaßzahl berechnet worden, ebenso wie die maximal auftretenden Temperaturen. Die gewählte Darstellung der Temperaturfelder durch je eine Isotherme bei der Erweichungs- (148 °C) und der Schmelztemperatur (~220 °C) dient dazu, die räumliche Ausprägung der realen WEZ anzunähern.

Bild 35:
Isothermen (links) und Maximaltemperatur (rechts) für θ_K=12,3° bei unterschiedlichen Beugungsmaßzahlen: P=5W, v=10 mm/s

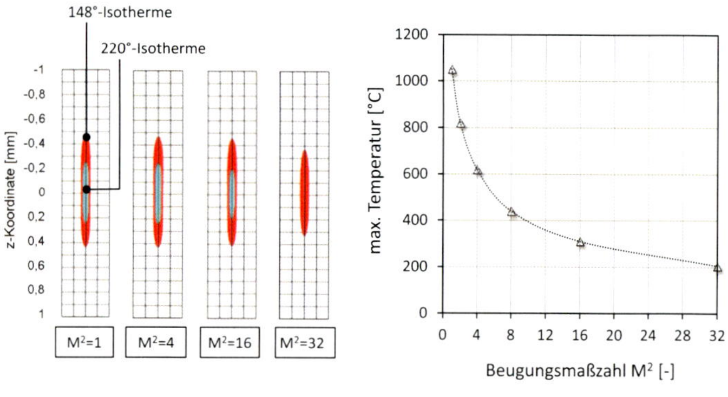

Nicht überraschend ist, dass das Temperaturmaximum im Kunststoff umso niedriger ausfällt, je höher die Beugungsmaßzahl ist, da hierbei der Energieeintrag in der Fügeebene „entzerrt" wird. Interessant ist in dem Zusammenhang die Form der WEZ, die sich bis M^2=16 nicht signifikant verändert. Mit einer niedrigeren Strahlgüte wird folglich ein vergleichbar selektiver Energieeintrag wie mit einem idealen Gaußstrahl erzielt, jedoch bei deutlich kleinerer Maximaltemperatur. Im Hinblick auf die vergleichsweise geringe Temperaturbeständigkeit von Kunststoffen, wäre für den Schweißprozess eine niedrigere Strahlgüte somit von Vorteil, zumindest bei Strahlen mit einem großen Öffnungswinkel. Zu kleineren Öffnungswinkeln hin nimmt der Nutzen einer größeren Beugungsmaßzahl ab, da einerseits die Temperaturspitzen ohnehin kleiner und somit unkritischer für den Kunststoff werden. Zum anderen erreichen die Fokusdurchmesser eine Größe, bei der sich eine proportionale Zunahme mit der Beugungsmaßzahl (Gl. 13), sichtbar bemerkbar macht, während sich die Änderungen bei großen Öffnungswinkeln im Mikrometerbereich abspielen.

4.4 Bestrahlungsversuche mit Gauß-förmigem Intensitätsprofil

4.4.1 Verwendete Strahlformen

Das Zusammenspiel aus den optischen Eigenschaften des Kunststoffs und der Wellenlänge der Laserstrahlung entscheidet darüber, wieviel Energie in einer bestimmten Ebene des Kunststoffs deponiert wird. Wie die Energie in der jeweiligen Ebene verteilt ist, hängt von der räumlichen Verteilung der Strahlung bzw. der Strahlform ab. Im experimentellen Teil werden insgesamt drei Laserstrahlen mit unterschiedlichen Rayleighlängen untersucht. Die zur Strahlformung eingesetzten optischen Systeme, sowie die damit erzielten Strahleigenschaften können dem Anhang entnommen werden (Kap. 9.2). In Bild 36 sind die Kaustiken der drei Laserstrahlen einander gegenübergestellt.

Bild 36:
Gemessene Kaustiken der drei verwendeten Laserstrahlen

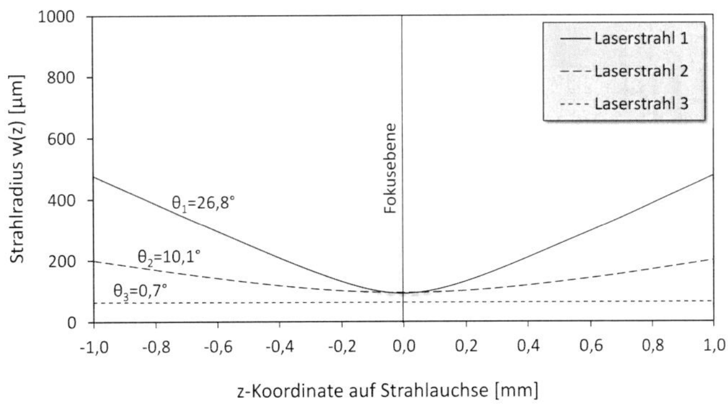

Was unmittelbar auffällt ist, dass sich die Fokusradien w0 nicht konform zu Gl. 13 verhalten, nach der sie mit steigendem Öffnungswinkel θ immer kleiner werden sollten. Von den dargestellten Laserstrahlen besitzt ausgerechnet der mit dem kleinsten Öffnungswinkel (Laserstrahl 3) auch den kleinsten Fokusdurchmesser. Nach Gleichung 13 kann das nur daran liegen, dass die Strahlen nicht die gleiche Beugungsmaßzahl M2 haben. Das bestätigen auch die von der Software des Messgeräts ermittelten Beugungsmaßzahlen (Kap 9.2), die in Tabelle dargestellt sind.

Laserstrahl	Gemessener Fokusradius $\mathbf{w_0}$	Rayleighlänge Freistrahl $\mathbf{z_{R,0}}$	Gemessene Beugungsmaßzahl $\mathbf{M^2}$
1	92	0,196	69,7
2	95	0,539	27,0
3	64	5,350	1,24

Tabelle 6: Mit dem FocusMonitor gemessene Strahlparameter

Verantwortlich für die drastische Verschlechterung der Strahlqualität sind die eingesetzten asphärischen Linsen zur Fokussierung von Laserstrahl 1 & 2. Ihre optischen Flächen besitzen bei herkömmlicher Bearbeitung nur eine unzureichende Oberflächenqualität und verursachen dadurch Abbildungsfehler. Um den Laserstrahl beugungsbegrenzt abzubilden, bedarf es im Nachgang der normalen Fertigung (CNC-Fräsen und –Polieren) eines zusätzlichen Schrittes (magnetorheologisches Polieren), durch den die optischen Wirkflächen der Linse die erforderliche Qualität erlangen [107]. Solche hochpräzisen asphärischen Linsen waren mit der gewünschten Fokussierstärke zum Erstellungszeitpunkt der Arbeit nur als Sonderanfertigung erhältlich und dementsprechend teuer. Im späteren Verlauf wird gezeigt werden, dass eine beugungsbegrenzte Abbildung nicht unbedingt vorteilhaft ist, weshalb von sonderangefertigten Linsen abgesehen und auf Standardkomponenten zurückgegriffen wurde.

Laserstrahl 3 unterscheidet sich von den anderen beiden Laserstrahlen nicht nur durch die deutlich bessere Strahlqualität, sondern auch dadurch, dass er scannergeführt ist. Er lässt sich dadurch mit sehr hohen Geschwindigkeiten bewegen, die später zur quasisimultanen Bestrahlung der Kunststoffproben benötigt werden.

4.4.2 Experimentelle Ergebnisse

Die Voraussetzung für selektiven Energieeintrag wird bei PC natur (α=0,1 mm^{-1}) dann erfüllt, wenn die Rayleighlänge des Laserstrahls im Kunststoff unter 4,97 mm liegt (Gl. 32). Diese Bedingung erfüllen nur Laserstrahl 1 und 2.

Laserstrahl 2 besitzt im Kunststoff eine Rayleighlänge von $z_{R,K}$=0,862 mm und wird als erstes getestet. Bei diesem Strahl ist nach Bild 31 keine ausgeprägte Selektivität zu erwarten, da die Temperaturdifferenz zwischen Oberfläche und Fügeebene vergleichsweise klein ist. Der linke Teil von Bild 37 stellt die WEZ bei verschiedenen Fokuslagen dar. Angefangen mit dem Fokus auf der Oberfläche liegend, wird die Bearbeitungsoptik schrittweise um 100 µm abgesenkt, was durch die gestrichelten Linien angedeutet wird.

Bei oberflächennahen Fokuslagen hebt sich die WEZ deutlich von dem umgebenden Kunststoff ab. Mit fortschreitender Absenkung des Strahls hingegen verschwindet sie zunehmend. Grund dafür ist die Energiemenge des Laserstrahls, die mit der Eindringtiefe abnimmt und in der Taille zu niedrigeren Temperaturen führt, bis der Kunststoff schließlich nicht mehr plastifiziert wird.

Bild 37: $z_{R,K}$=0,862 mm: WEZ bei P=2,2 W, v=6 mm/s und sinkender Fokuslage (links), WEZ bei konst. Fokuslage und steigender Streckenenergie (rechts), λ=1,94 µm

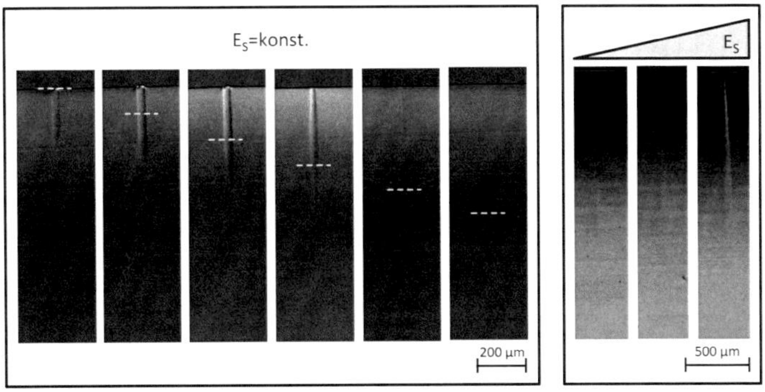

Auf der rechten Seite von Bild 37 ist nicht nur ein Ausschnitt, sondern der gesamte Querschnitt der Kunststoffprobe abgebildet und die Fokuslage so eingestellt, dass die WEZ in etwa mittig liegt. Durch Vergrößerung der Streckenenergie wird die Temperatur soweit erhöht, bis die WEZ sich deutlich abzeichnet. Übereinstimmend mit den Simulationsergebnissen in Bild 31 ist die Ausprägung der WEZ in der oberen

Bauteilhälfte stärker aufgrund der dort höheren Temperaturen. Festzustellen ist, dass eine selektive Plastifizierung des Kunststoffvolumens mit dieser Strahlform möglich ist, auch wenn das Prozessfenster vergleichsweise schmal ist, wie Bild 38 verdeutlicht. Dort ist die Länge der WEZ entlang der Strahlachse aufgetragen, unterteilt in die Teile über (L_O) und unter (L_U) der Fokusebene, die sich bei z=0 befindet. Die Breite des Prozessfensters, in dem die WEZ erstmals sichtbar wird und sich schließlich bis zur bestrahlten Oberfläche ausdehnt, beträgt für Laserstrahl 2 etwa 0,2 J/mm. Es fällt auf, dass sich die WEZ vorwiegend zu Oberfläche ausdehnt, während der Teil unter der Fokusebene nicht signifikant anwächst.

Bild 38:
Ausdehnung der WEZ ober- und unterhalb der Fokusebene abhängig von der Streckenenergie, P=2,2 W, λ=1,94 µm

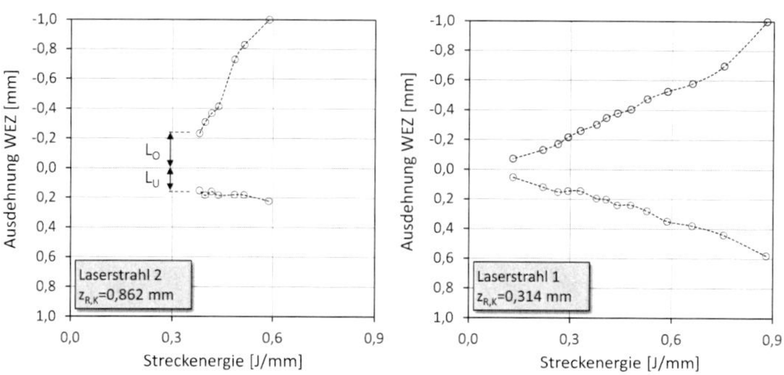

Gegenüber Laserstrahl 2, unterscheidet sich die Ausprägung der WEZ bei Bestrahlung mit Laserstrahl 1 ($z_{R,K}$=0,314 mm) deutlich. Die WEZ-Höhe nimmt nur langsam zu, so dass das Prozessfenster, in dem die Erwärmung selektiv erfolgt, signifikant breiter ist. Auch ist die Verteilung der WEZ auf die Bereiche ober- und unterhalb der Fokusebene wesentlich ausgeglichener. Analog zu Bild 37 ist nachfolgend die WEZ bei sukzessiver Verlagerung der Fokuslage ins Kunststoffvolumen abgebildet (Bild 39).

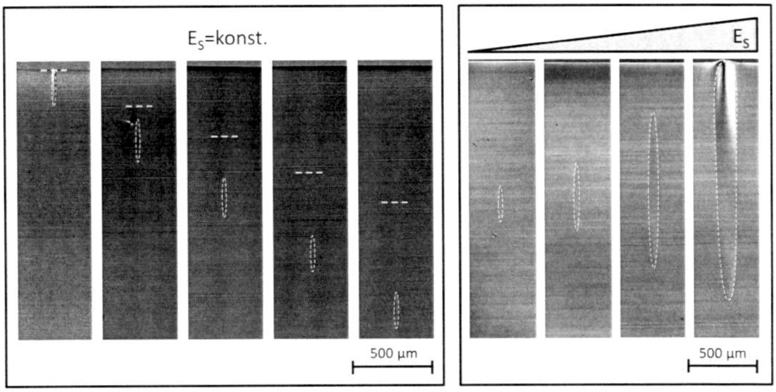

Bild 39:
$z_{R,K}$=0,314 mm: WEZ bei P=2,2 W, v=10 mm/s und sinkender Fokuslage (links), WEZ bei konst. Fokuslage und steigender Streckenenergie (rechts)

Besonders gut ist hier zunächst der Einfluss der Brechung zu beobachten. Die Lage der WEZ eilt der theoretischen Lage, dargestellt durch die gestrichelte Linie, voraus. Diesen Zusammenhang beschreibt Gl. 5. Anders als bei dem Laserstrahl zuvor, bleibt die Form der WEZ weitestgehend unverändert, unabhängig von ihrer Lage im Kunststoffinneren.

Bei mittiger Ausrichtung der Fokuslage und Erhöhung der Streckenenergie (siehe rechte Bildhälfte), erreicht die WEZ die bestrahlte Oberfläche bei etwa 0,9 J/mm. Gegenüber dem zuerst getesteten Laserstrahl wird folglich eine um 50 % höhere Streckenenergie benötigt, bis der Bereich über der Fokusebene vollständig plastifiziert ist (Bild 38). Da die Breite der WEZ in diesem Stadium etwa doppelt so groß ist, können mit der kürzeren Rayleighlänge bei gleichzeitiger Wahrung der Selektivität breitere Schweißnähte erreicht werden.

Steigt der Absorptionskoeffizient des Kunststoffs über den bisherigen Wert von α=0,1 mm^{-1}, so nimmt gemäß Gl. 32 die kritische Rayleighlänge ab. Mit dem zweiten Laserstrahl ($z_{R,K}$=0,862 mm) ist die Spanne der Streckenenergie von der Entstehung der WEZ bis zu ihrer Ausbreitung zur Oberfläche bereits relativ klein (Bild 38 links). Bei α=0,2 mm^{-1} nimmt diese Spanne weiter ab (<0,1 J/mm), bis schließlich bei α=0,5 mm^{-1} die kritische Rayleighlänge (z_R=0,87 mm) überschritten wird und somit theoretisch kein Temperaturmaximum mehr erreicht werden kann. Auch mit Laserstrahl 1 ($z_{R,K}$=0,314 mm) wird das Prozessfenster, in dem der Energieeintrag selektiv erfolgt, zunehmend kleiner, wie aus der folgenden Darstellung hervorgeht (Bild 40). Während der Unterschied von α=0,2 mm^{-1} zu 0,5 mm^{-1} vergleichsweise groß ist, verkleinert sich das Prozessfenster bei weiterer Erhöhung des Absorptionskoeffizienten nicht mehr signifikant.

Bild 40:
Höhe (links) und Breite (rechts) der WEZ bei verschiedenen Absorptions-koeffzienten mit $z_{R,K}$=0,314 mm

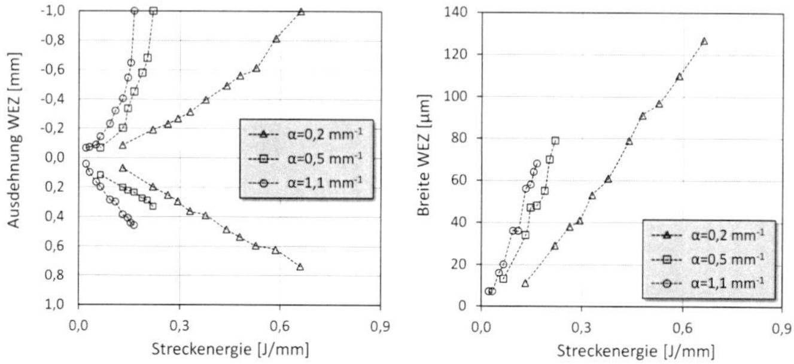

Zusätzlich zu der WEZ-Höhe ist auf der rechten Bildseite auch die Breite der WEZ aufgetragen. Hier lassen sich zwei Dinge erkennen: Zum einen können bei geringer Absorption deutlich breitere WEZs bzw. Schweißnähte erzeugt werden, ohne dass sich diese bis zur Oberfläche erstrecken. Andererseits benötigt die WEZ zur Ausprägung einer bestimmten Breite einen geringeren Energieeinsatz, da durch die größere Absorption auch ein größerer Teil der eingestrahlten Energie genutzt wird. So beträgt die Streckenenergie zur Erzeugung einer 60 µm breiten WEZ bei α=0,2 mm^{-1} etwa 0,4 J/mm, bei α=0,5 mm^{-1} hingegen nur 0,2 J/mm.

Bei genauerer Betrachtung der in Bild 33 dargestellten Ergebnisse stellt sich die Frage, warum bei α=1,1 mm^{-1} eine selektive Erwärmung erreicht wurde, obwohl hier die in Gl. 33 formulierte Bedingung verletzt wird? Zurückzuführen ist dies auf die Forderung, dass die Verteilung der deponierten Energie beiderseits des Maximums kontinuierlich abfällt. Bei α=1,1 mm^{-1} ist das nicht der Fall, wie die berechnete Verteilung in Bild 41 zeigt.

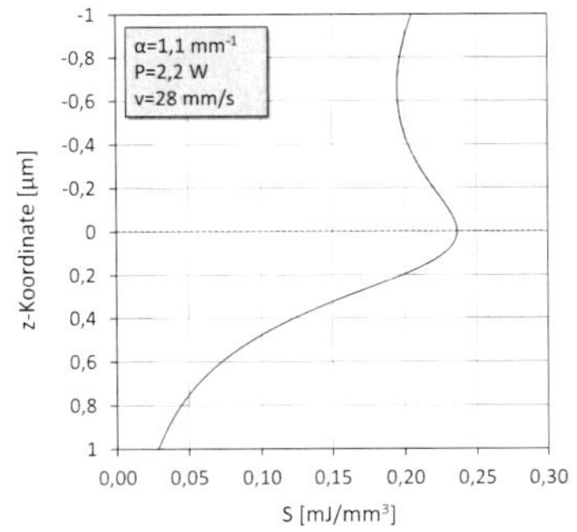

Bild 41:
Verteilung der deponierten Energie für $z_{R,K}$=0,314 mm

Hier wird die Forderung nur in der unteren Hälfte erfüllt. Zur Oberfläche hin fällt die Verteilung zwar zunächst, steigt aber kurz vor der Einstrahlfläche erneut an. Im Experiment wird durch das vorliegende Maximum zunächst eine selektive Erwärmung erzielt. Die WEZ nimmt mit steigender Streckenenergie an Größe zu, bis schließlich an der Einstrahlfläche auch das Energieniveau erreicht wird, bei dem sich die WEZ bildet (Bild 42).

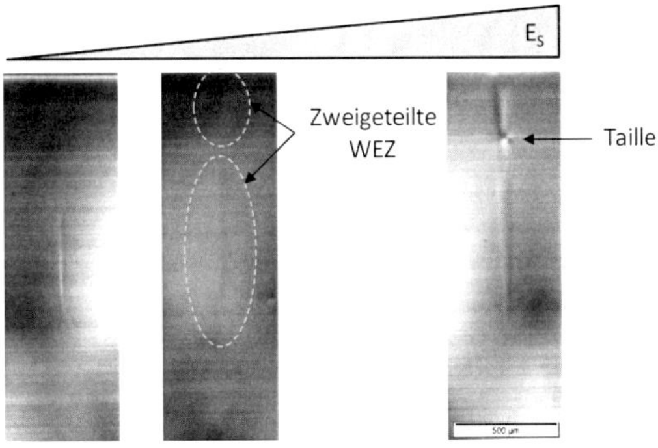

Bild 42:
Entwicklung der WEZ bei α=1,1 mm^{-1}, d=1 mm und $z_{R,K}$=0,314 mm

Im Zwischenraum ist dieses Energieniveau zu dem Zeitpunkt noch nicht erreicht, so dass beide WEZs mit höherer Streckenenergie sich allmählich aufeinander zubewegen und schließlich zu einer WEZ zusammenwachsen. Gut zu erkennen ist das an der Taille, die dort entsteht, wo beide WEZs aufeinander treffen.

Dieses Ergebnis zeigt, dass es Konstellationen aus Rayleighlänge und Absorptionskoeffizient gibt, die nicht die formulierten Bedingungen erfüllen und dennoch in der Lage sind eine selektive Erwärmung im Kunststoff zu erreichen. Diese Ausnahmen treten jedoch bei vergleichsweise hohen Absorptionskoeffizienten auf, die bei Kunststoffen im Spektralbereich des Thulium-Faserlasers, wenn überhaupt, dann eher selten sind.

4.4.3 Abschätzung des Prozessfensters

In diesem Abschnitt soll für die zuvor eingesetzten Strahlen mit Gauß-förmigem Intensitätsprofil ein Prozessfenster abgeschätzt werden, in dem die Fügeteile selektiv erwärmt werden. Dazu wird, wie bereits in Abschnitt 4.1, die Wärmeleitung in den Fügeteilen vernachlässigt und somit angenommen, dass die Temperatur proportional zur eingetragenen Energie zunimmt. Dieser in Gl. 24 bereits formulierte Zusammenhang wird genutzt, um durch Definition zulässiger Temperaturgrenzen Prozessparameter abzuleiten, mit denen die Temperaturgrenzen eingehalten werden.

Die erste Temperaturgrenze wird in der Fügeebene (z=0) gesetzt. Dort darf die Temperatur eine kunststoffspezifische Maximaltemperatur T_{Max} nicht überschreiten. Mit T_0 als Ausgangstemperatur lautet die erste Bedingung:

$$S(z = 0) \leq \rho \cdot c \cdot (T_{Max} - T_0) \qquad \text{Gl. 34}$$

Ein Ausdruck für S ist in Gl. 26 bereits hergeleitet worden und kann mit z und y=0 direkt eingesetzt werden.

$$\alpha \cdot \frac{\sqrt{2} \cdot P}{\sqrt{\pi} \cdot v} \cdot \frac{1}{w(-z_0)} \cdot e^{-\alpha \cdot d} \leq \rho \cdot c \cdot (T_{Max} - T_0) \qquad \text{Gl. 35}$$

Leistung und Vorschub des Laserstrahls werden gemäß Gl. 27 zur Streckenenergie zusammengefasst, nach der die Gleichung schließlich umgestellt wird, um die erste Grenze des Prozessfensters zu erhalten:

$$E_{S,1} \leq \underbrace{\frac{\rho \cdot c \cdot \sqrt{\pi}}{\sqrt{2}}}_{K} \cdot \frac{(T_{Max} - T_0) \cdot w(-z_0)}{\alpha} \cdot e^{\alpha \cdot d} \qquad \text{Gl. 36}$$

Die beiden Stoffgrößen ρ und c werden als konstant betrachtet und gemeinsam mit den Wurzelausdrücken wie dargestellt zur Konstanten K zusammengefasst.

Analog zum bisherigen Vorgehen wird nun die Temperatur nach unten hin abgegrenzt, weil die Fügeteile in der Fügeebene eine Mindesttemperatur T_{Min} erreicht haben müssen, um sich stoffschlüssig zu verbinden. Mit der zuvor eingeführten Konstanten K lautet die zweite Grenze des Prozessfensters entsprechend:

$$E_{S,2} \geq K \cdot \frac{(T_{Min} - T_0) \cdot w(-z_0)}{\alpha} \cdot e^{\alpha \cdot d} \qquad \text{Gl. 37}$$

Für die letzte Grenze wird die Temperatur an der Einstrahlfläche (z=-d) betrachtet, die unter der zuvor eingeführten Mindesttemperatur TMin liegen sollte, damit sich die Kunststoffoberfläche durch die Erwärmung nicht verformt. Nach Durchführung der vorherigen Schritte lautet der Ausdruck für die dritte Prozessfenstergrenze:

$$E_{S,3} \leq K \cdot \frac{(T_{Min} - T_0) \cdot w(-d - z_0)}{\alpha} \qquad \text{Gl. 38}$$

In der Strahlradiusfunktion w(z) verbirgt sich die Rayleighlänge (siehe Gl. 11), die als Variable der drei Ungleichungen verwendet wird, um das in Bild 43 gestrichelt dargestellte Prozessfenster zu ermitteln.

Bild 43:
Prozessfenster bei Bestrahlung von PC mit Thulium-Laserstrahlung (λ=1,94 µm), M^2=69,7

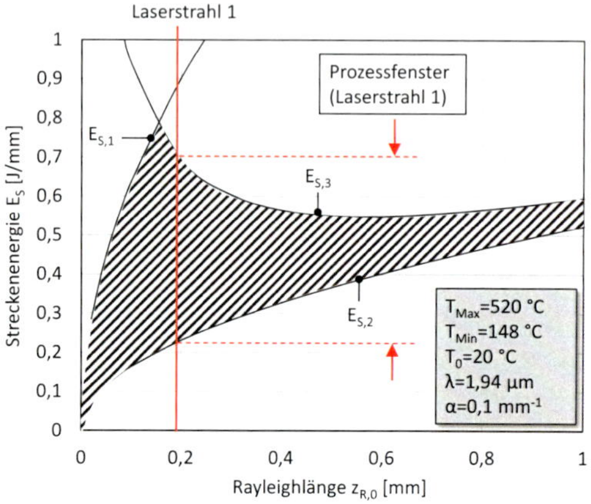

Eingesetzt wurden die Stoffdaten von PC (siehe Tabelle 3) und der Absorptionskoeffizient α=0,1 mm^{-1}, den der Kunststoff bei Bestrahlung mit Thulium-Laserstrahlung aufweist. Der Verschiebungsfaktor z0 ist gemäß Gl. 27 so zu wählen, dass die Ebene des maximalen Energieeintrags mit der Fügeebene zusammenfällt. Die Beugungsmaßzahl, die in die Berechnung der Strahlradiusfunktion w(z) eingeht, wurde mit M^2=69,7 angenommen (siehe Tabelle 6), um beispielhaft für Laserstrahl 1 das theoretische Prozessfenster mit dem tatsächlich ermittelten zu vergleichen. Nach Bild 38 beträgt die Breite des Prozessfensters, d.h. die Spanne der Streckenenergie von der Entstehung der WEZ bis zur Ausdehnung zur Einstrahlfläche, etwa 0,75 J/mm. Anhand von Bild 43 wird bei Laserstrahl 1 ($z_{R,0}$=0,196 mm) ein etwas kleineres Prozessfenster von etwa 0,5 J/mm ermittelt. Das Ergebnis scheint plausibel, weil in der Praxis durch die abgeleitete Wärme mehr Energie im Kunststoff deponiert werden muss, um die gesetzten Temperaturgrenzen zu erreichen. Zu der Abweichung trägt neben der vernachlässigten Wärmeleitung sicherlich auch bei, dass die Temperaturabhängigkeit der beiden Größen ρ und c nicht berücksichtigt wurde.

4.5 Bestrahlung mit Donut-förmigem Intensitätsprofil

Ist das Kunststoffvolumen selektiv erwärmt worden, so sind die bislang gezeigten WEZs typischerweise derart ausgeprägt, dass ihre Längsausdehnung von der Mitte seitwärts abnimmt (Bild 39), ebenso wie die Gauß-verteilte Intensität des

Laserstrahls, mit dem diese WEZs erzeugt wurden. Es liegt nahe anzunehmen, dass durch eine anders verteilte Intensität die WEZ in ihrer Ausprägung verändert werden kann. Im Idealfall so, dass ihr Längsmaß über die gesamte Breite gleich ist.

Um die Gauß-förmige Intensitätsverteilung des Laserstrahls in eine andere Verteilung zu transformieren, werden häufig DOEs eingesetzt. Mit diesen optischen Elementen lassen sich diverse Verteilungen realisieren, von denen im Bereich des Kunststoffschweißens die sogenannte Top-Hat-Verteilung (auch Flat-Top) sicherlich am geläufigsten ist. Diese Verteilung zeichnet sich dadurch aus, dass die Intensität I nahezu homogen über den Strahlquerschnitt verteilt ist. Angewendet beim klassischen Kunststoffschweißen, lässt sich mit der Verteilung eine sichtbar homogenere Energieverteilung gegenüber dem Gauß-Profil erreichen (Bild 44).

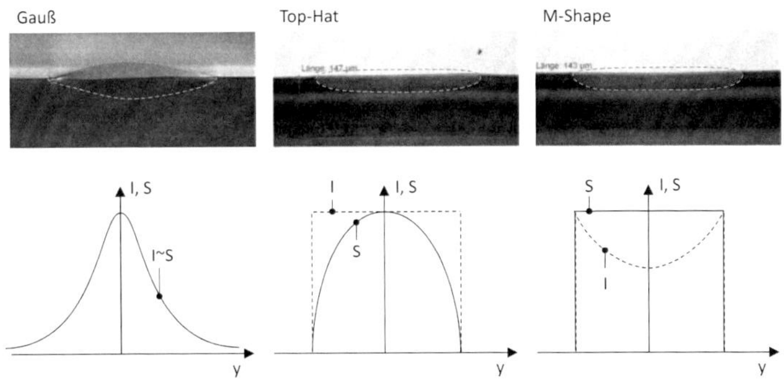

Bild 44: Ausprägung der WEZ bei verschiedenen Strahlverteilungen

Noch günstiger ist die M-Shape Verteilung, deren Intensität zur Strahlmitte hin abnimmt. In Vorschubrichtung integriert liefert diese Strahlverteilung im Vergleich zur Top-Hat-Verteilung einen über die Strahlbreite gleichmäßigen Energieeintrag S. Daraus resultiert eine noch homogenere Ausprägung der WEZ in Strahlrichtung.

Bedingt durch das zugrundeliegende Prinzip der Beugung (Diffraktion) stellt sich das Zielprofil eines DOEs nur in der Fokusebene ein [108]. Für das absorberfreie Durchstrahlschweißen sollte der Strahl jedoch auf der gesamten optischen Achse das gewünschte Intensitätsprofil aufweisen, weil die Deposition der Energie über die Dicke beider Fügeteile erfolgt. Anstelle eines DOEs wurde deshalb das nachfolgende optische System aufgebaut, mit dem eine Donut-förmige Intensitätsverteilung entlang der gesamten Strahlachse erzeugt werden sollte (Bild 45).

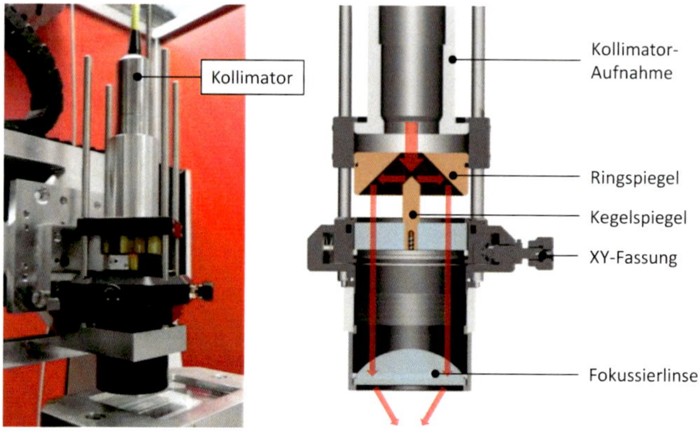

Bild 45: Bearbeitungsoptik zur Erzeugung einer Donut-förmigen Intensität im Strahlquerschnitt

Der Aufbau besteht im Wesentlichen aus zwei Spiegelelementen aus Kupfer, deren optische Flächen durch ultrapräzises Drehen hergestellt sind ($R_a=\lambda/20$), um die auftreffende Strahlung möglichst gerichtet zu reflektieren. Zunächst fällt der aus dem Kollimator austretende Rohstrahl auf die kegelförmige Spitze des ersten Spiegelelements und wird durch diese in Radialrichtung abgelenkt. Das Spiegelelement ist mittig in ein Glassubstrat gefasst, das wiederum in einer XY-Fassung montiert ist. Die XY-Fassung ist in der Ebene verstellbar, um das Spiegelelement koaxial zum Rohstrahl ausrichten zu können. Nachdem der Rohstrahl das erste Mal reflektiert wurde, treffen die radialen Teilstrahlen auf das zweite Spiegelelement, das eine Ringform besitzt und die Teilstrahlen erneut nach unten lenkt. Der so entstandene Ringstrahl dringt durch das Glassubstrat und fällt schließlich auf die Fokussierlinse.

Bevor das System experimentell erprobt wird, wird eine Kaustikmessung durchgeführt, um die Strahleigenschaften zu bestimmen (Bild 46). Wie bereits bei den im Abschnitt 4.4.1 vorgestellten Strahlen, fällt auch hier die sehr große Beugungsmaßzahl auf. Der Strahl besitzt also eine Fokusgröße, die jenseits derjenigen ist, die er bei einer perfekten Abbildung erreichen könnte. Der Grund für die schlechte Abbildung wird angesichts der Tatsache, dass hier die gleiche Linsenart wie zuvor verwendet wird, die unzureichende Oberflächenqualität der optischen Flächen sein [107].

Bild 46:
Gemessene Kaustik des optischen Systems zur Erzeugung eines Donut-förmigen Strahlprofils

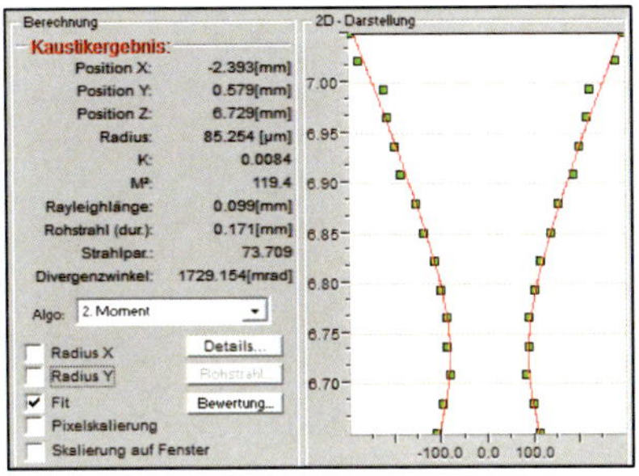

Strahlführung	Achssystem (Bosch Rexroth)
Rayleighlänge $z_{R,0}$ [mm]	0,1
Strahlradius w_0 [µm]	85
Beugungsmaßzahl M^2 [-]	119,4
Öffnungswinkel θ [°]	49,5

Um sicherzugehen, dass das Intensitätsprofil des erzeugten Strahls die gewünschte Donut-Form aufweist, werden alle Messebenen überprüft (Bild 47).

Bild 47:
Strahlprofil in und außerhalb der Fokusebene

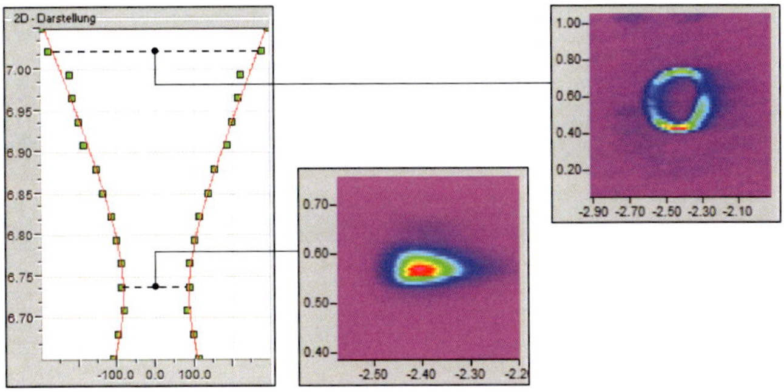

Im Fernfeld ($z>z_{R,0}$) ist die Donut-Form klar erkennbar, auch wenn die Intensität nicht homogen über den Ringumfang verteilt ist. Ursache dafür ist vermutlich, dass der Kegelspiegel nicht exakt mit der Strahlachse des auftreffenden Rohstrahls fluchtet und so eine Asymmetrie im Spiegelbild entsteht[6]. Im Bereich der Fokusebene verändert sich das Strahlprofil von der Donut-Form hin zu einer Gauß-förmigen Verteilung. Zur Verifizierung dieses Phänomens wurde der Strahlengang des aufgebauten Systems mit der Software Zemax OpticStudio® berechnet (Bild 48).

[6] Eine optimale Justierung des Kegelspiegels gestaltete sich aufgrund der diskontinuierlichen Arbeitsweise des verwendeten Messinstruments (siehe Kap. 3.4.1) als schwierig, weil die Auswirkung der Justierung auf die Strahlverteilung nicht unmittelbar, sondern erst nach erneuter Messung nachvollziehbar ist.

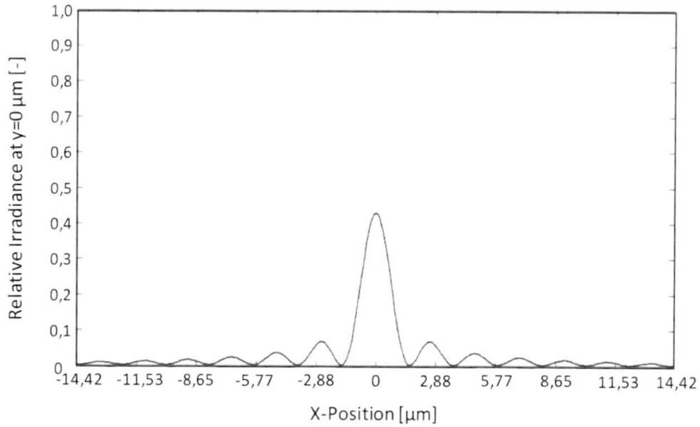

Bild 48: Mit ZEMAX OpticStudio® berechnete Intensitätsverteilung des aufgebauten Systems

Auch hier ist die Intensität in der Fokusebene Gauß-verteilt, es treten jedoch, anders als in der Messung, weitere Nebenmaxima auf. Die Entstehung dieses Musters ist auf Interferenz der Donut-förmigen Intensität mit sich selbst zurückzuführen und nicht auf eine fehlerhafte Justierung des optischen Systems [109]. In der Messung ist das Interferenzmuster nicht erkennbar, da die Nebenmaxima durch die schlechte Abbildung der Fokussierlinse sehr wahrscheinlich so schwach ausgeprägt sind, dass sie im Grundrauschen untergehen.

Nach der Strahlcharakterisierung wird das aufgebaute optische System experimentell an Kunststoffproben aus PC getestet. Bild 49 zeigt auf der linken Seite beispielhaft die Ausprägung der WEZ bei steigender Streckenenergie, die im Diagramm daneben quantitativ aufgetragen ist. Gegenüber den WEZs aus Kap. 4.4.2, die mit Gauß-verteilten Strahlen erzeugt wurden, fällt zunächst die ovale Form auf, die auf der Ober- und Unterseite nicht mehr spitz zuläuft wie beispielsweise in Bild 39. Anhand von simulierten WEZs wird jedoch deutlich, dass das auf den größeren Öffnungswinkel zurückzuführen ist und nicht auf das Donut-förmige Intensitätsprofil. In Bild 50 wurden die WEZs für die bereits verwendeten Laserstrahlen 1 & 2 sowie einen weiteren Strahl mit Gauß-verteilter Intensität, dessen Strahlparameter von dem Donut-Strahl (Bild 46) übernommen wurden.

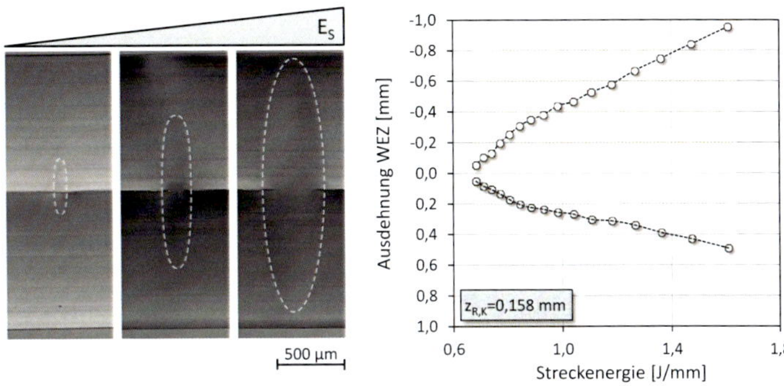

Bild 49: Ausprägung (links) und Längsausdehnung (rechts) der WEZ bei steigender Streckenenergie

Hier ist deutlich zu sehen, wie Ober- und Unterseite der WEZ mit zunehmendem Öffnungswinkel runder werden und die WEZ bei θ_K=28,4° von ihrer Form den tatsächlich beobachteten WEZs in Bild 49 entspricht, obwohl diese mit einem Donut-verteilten Strahl erzeugt wurden.

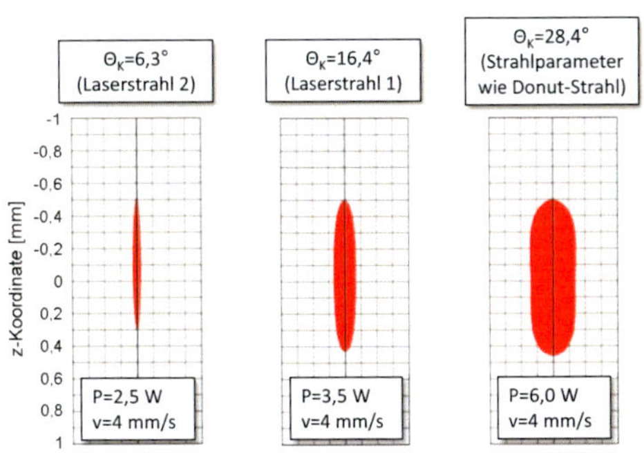

Bild 50: Simulierte WEZs für Gaußstrahlen bei zunehmendem Öffnungswinkel (in Kunststoff) θ_K

Es bleibt also festzuhalten, dass das Donut-förmige Strahlprofil des aufgebauten optischen Systems keinen merklichen Einfluss auf den Energieeintrag hat. Der einzige nennenswerte Vorteil des Strahls ist sein großer Öffnungswinkel, der zu einem relativ breiten Prozessfenster führt (Bild 49). Bis sich die WEZ vollständig bis zur Einstrahlfläche ausgedehnt hat, beträgt die Breite des Prozessfensters etwa 0,9 J/mm. Zum Vergleich, bei Laserstrahl 1 liegt die Prozessfensterbreite bei ca. 0,75 J/mm (Bild 38).

5 Schweißen unter praxisnahen Bedingungen

5.1 Einfluss der Spanntechnik

In Abschnitt 2.3 ist bereits auf die Spanntechnik eingegangen worden, deren Aufgabe primär darin besteht, einen möglichst spaltfreien Kontakt zwischen den Fügeteilen herzustellen, um den Wärmetransfer in das lasertransparente Teil zu ermöglichen. Beim Durchstrahlschweißen optisch gleicher Fügeteile ist der Wärmeaustausch zwischen den Fügeteilen nicht erforderlich, da beide Teile die Strahlung absorbieren. Natürlich muss auch hier ein Fügedruck aufgebracht werden, damit sich die Schmelzphasen beider Fügeteile miteinander vermischen und nicht seitlich in den Spalt entweichen. Nicht unwichtig ist dabei die Art der Verspannung, da sie über die erforderliche Selektivität des Energieeintrags entscheidet. Bei direkter Verspannung drückt das Spannelement unmittelbar auf die bestrahlte Fläche und verhindert dadurch, dass sich dort der Kunststoff ausdehnen und einen Wulst bilden kann. In dem Fall ist es nicht zwingend erforderlich die Laserstrahlung stark zu fokussieren, um die Fügeteile selektiv zu erwärmen. Anders bei indirekter Verspannung, wo der Kunststoff ungehindert zur Einstrahlfläche expandieren kann, wenn der Energieeintrag nicht selektiv erfolgt. Besteht also die Möglichkeit, die Fügeteile direkt zu verspannen, so ist diese einer indirekten Verspannung vorzuziehen.

Ein Beispiel, bei dem die Fügepartner sich nicht direkt verspannen lassen, ist in Bild 51 dargestellt. Dabei handelt es sich um eine kreisrunde Kammer, die mit einem Deckel geschlossen werden soll. Aufgrund der Rippenstruktur auf dem Deckel, ist die direkte Aufbringung des Fügedrucks, wenn überhaupt, nur mit einer aufwendig bearbeiteten Glasplatte möglich. Die Bestrahlung von der Deckelseite wäre in dem Fall dennoch ungünstig, da die Schweißbahn unter den Rippen verlaufen würde. Der Laserstrahl müsste also im Bereich der Rippen eine dickere Schicht durchdringen und würde dort aufgrund des größeren Energieverlustes eine schlechtere oder gar keine Schweißnaht erzeugen. Statt der frontalen Bestrahlung bietet sich in dem konkreten Anwendungsfall eine Bestrahlung von der Seite an, da hier die geometrischen Bedingungen über den Umfang konstant sind. Die Aufbringung des Fügedrucks gestaltet sich auch bei dieser Konfiguration als schwierig. Im Inneren des Bauteils kann kein Widerlager eingebracht werden, das analog zum Probenhalter bei der herkömmlichen Spannvorrichtung die von außen wirkende Fügekraft aufnimmt. Das

Bauteil würde folglich der Fügekraft nachgeben und sich verformen, vor allem beim Andrücken mit einer Glaskugel/-rolle wie beim Globo-Schweißen (Bild 52).

Bild 51: Separationskammer bestehend aus Kammer und Deckel (Miltenyi Biotec)

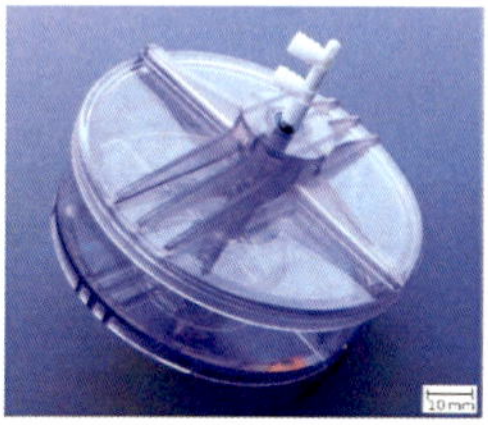

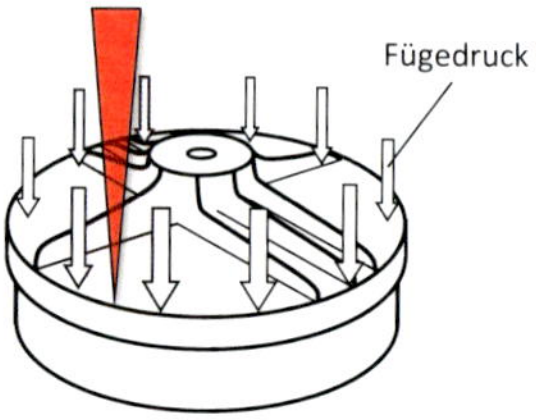

Ohne die Möglichkeit einer direkten Verspannung, können die Fügeteile nur dann ohne einen Wulst auf der Einstrahlfläche verschweißt werden, wenn der Laserstrahl die Kriterien für selektiven Energieeintrag erfüllt. Bei der Gelegenheit sei anhand der Geometrie der Fügezone erläutert, weshalb es nicht immer erstrebenswert ist, diese möglichst selektiv zu erwärmen.

Bild 52: Querschnitt des Fügebereichs der Separationskammer

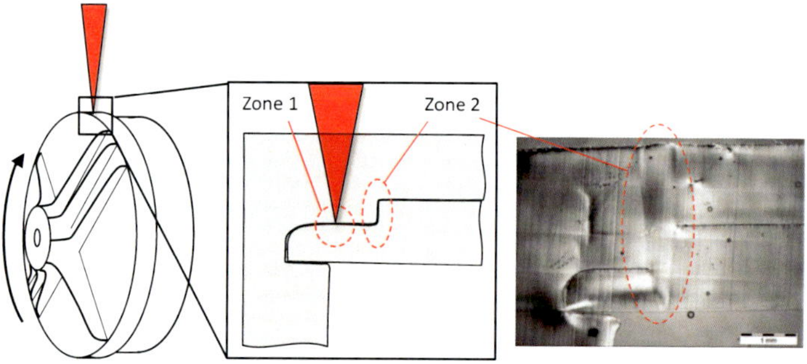

Ist die Längsausdehnung der WEZ klein, ist eine präzise Fokusführung entlang der Fügeebene umso wichtiger, um diese nicht zu verfehlen. Bauteiltoleranzen sowie eine ungenaue Einspannung des Bauteils im Spannfutter der Rotationsachse, die das Bauteil vor dem Laserstrahl dreht, können dazu führen, dass Füge- und Fokusebene stellenweise auseinanderdriften und dadurch über den Umfang unzureichend oder nicht verschweißte Bereiche zurückbleiben. Diese Gefahr ist bei einer länger ausgedehnten WEZ deutlich geringer. Ferner bietet eine länger ausgedehnte WEZ bei der Beispielgeometrie den Vorteil, durch eine geschickte Platzierung einen größeren Anbindungsquerschnitt zwischen den Fügeteilen zu erzielen. Wird in Bild 52 der Strahl auf die Zone 1 gerichtet, so beträgt die Breite der Schweißnaht bei dem gewählten Parametersatz etwa 300 µm. Wird nun mit den gleichen Parametern in Zone 2 eingestrahlt, wo die Fügeebene entlang der Strahlachse verläuft, kann die längliche Form der WEZ ausgenutzt und der Anbindungsquerschnitt auf ca. 760 µm mehr als verdoppelt werden. Die wird also eine festere Schweißverbindung mit einer höheren Sicherheit gegen Leckagen erzeugt.

5.2 Nutzung transmittierter Strahlung

Beim klassischen Durchstrahlschweißen dringt die Laserstrahlung in der Regel nur bis zur Fügeebene und wird dort in den randnahen Schichten des angrenzenden Fügepartners vollständig absorbiert. Nicht so beim absorberfreien Schweißen, wo ein nicht unerheblicher Teil der einfallenden Strahlung durch beide Fügeteile hindurchdringt und diese an der Unterseite verlässt.

Bei einer typischen Konfiguration, bestehend aus zwei Fügeteilen mit je 1 mm Dicke, werden im Fall von PC gemäß Gl. 20 etwa 74 % der eingestrahlten Energie transmittiert, d.h. sie bleiben prozesstechnisch ungenutzt. Diese Energie ließe sich prinzipiell durch einen reflektierenden Untergrund erneut ins Kunststoffvolumen einkoppeln, um so den absorbierten Anteil zu erhöhen. Metalloberflächen, wie die von Aluminium, sind dazu gut geeignet, da sie im klassischen Wellenlängenspektrum des Kunststoffschweißens sehr stark reflektieren. Die aus Aluminium gefertigte Bauteilaufnahme, die für die nachfolgenden Experimente verwendet wird, reflektiert die Strahlung des Thulium-Faserlasers sogar nahezu verlustfrei (Bild 53).

Bild 53:
Absorptions-/Reflexionsspektrum der verwendeten Probenaufnahme aus Aluminium

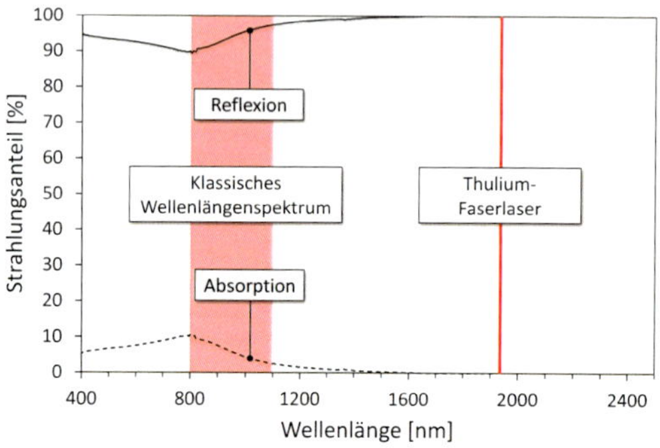

Die Energie, die durch die Wiedereinkopplung der transmittierten Energie zusätzlich in den Fügeteilen deponiert wird, kann mit dem in Bild 24 skizzierten Ansatz bestimmt werden. Die zuvor transmittierte Strahlung wird in diesem Fall von dem Untergrund vollständig zurückgeworfen, so dass sich folgende Strahlungsbilanz ergibt:

Bild 54:
Strahlungsbilanz bei reflektierendem Untergrund

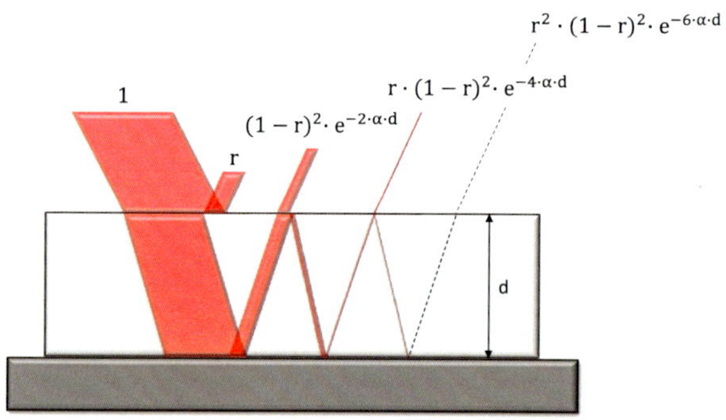

Die geometrische Reihe, die aus den austretenden Strahlungsanteilen gebildet wird, hat unter Anwendung von Gl. 19 den Wert:

$$R = r + \frac{(1-r)^2 \cdot e^{-2 \cdot \alpha \cdot d}}{1 - r \cdot e^{-2 \cdot \alpha \cdot d}} \qquad \text{Gl. 39}$$

Mit d=2 mm[7] und r=0,05 liegt der reflektierte Strahlungsanteil nun bei 68 %. Da in dieser Bilanz keine Transmission auftaucht bzw. diese mit in die Reflexion eingeht, liegt der absorbierte Strahlungsanteil (A=1-R) bei 32 %. Zum Vergleich wird der Absorptionsgrad ohne den reflektierenden Untergrund mithilfe von Gl. 20 und 21 bestimmt. Dieser fällt mit 18 % deutlich kleiner aus.

Wie sich die zusätzliche Energie letztendlich auf den Schweißprozess und seine Effizienz auswirkt, hängt von ihrer räumlichen Verteilung ab. Einen guten Einblick liefert die Betrachtung der Energieverteilung entlang der Strahlachse wie in Abschnitt 4.1.1. Während dort nur der eindringende Strahl berücksichtigt wurde, fließt nun auch der reflektierte Anteil in die Betrachtung mit ein. Die räumliche Verteilung des reflektierten Strahls ergibt sich, indem seine theoretische Fortsetzung unterhalb der Fügeteile durch eine entsprechende Transformation der Laufkoordinate in die Gegenrichtung geklappt wird (Bild 55). Nun können analog zu der im Abschnitt 4.1 beschriebenen Vorgehensweise die beiden Energieverteilungen, S_E für den eindringenden und S_R für den reflektierten Strahl, berechnet werden (Bild 55).

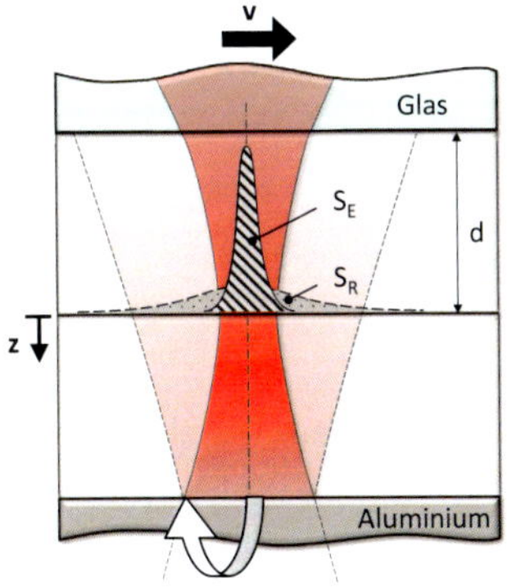

Bild 55: Überlagerung des eindringenden und reflektierten Strahls

[7] Die beiden jeweils 1mm dicken Fügeteile werden als ein Volumenelement mit 2 mm Dicke angenommen.

Die Gleichung für die Energieverteilung des eindringenden Strahls ist bereits bekannt (Gl. 26). Sie hat in der Ebene, aufgespannt durch die Achse und die Vorschubrichtung des Laserstrahls, also für y=0, die Form:

$$S_E = \alpha \cdot \frac{\sqrt{2} \cdot P}{\sqrt{\pi} \cdot v} \cdot \frac{1}{w(z - z_0)} \cdot e^{-\alpha \cdot (d+z)} \qquad \text{Gl. 40}$$

Der durch Koordinatentransformation gewonnene Ausdruck für die Energieverteilung des reflektierten Strahls lautet:

$$S_R = \alpha \cdot \frac{\sqrt{2} \cdot P}{\sqrt{\pi} \cdot v} \cdot \frac{1}{w(2d - (z - z_0))} \cdot e^{-\alpha \cdot (3d-z)} \qquad \text{Gl. 41}$$

Die Gesamtverteilung der Energie ergibt sich schließlich aus der Addition beider Gleichungen.

$$S = S_E + S_R \qquad \text{Gl. 42}$$

In Bild 56 ist Gl. 40 für zwei verschiedene Rayleighlängen eines idealen Gaußstrahls (M^2=1) aufgetragen und den entsprechenden Energieverteilungen ohne Reflexionseinfluss, also nur S_E, gegenübergestellt. Bei der kurzen Rayleighlänge ändert sich die Energieverteilung nur geringfügig. Durch den vergleichsweise großen Divergenzwinkel ist die reflektierte Strahlung sehr breit verteilt und der lokale Zugewinn an Energie entsprechend klein. In der Fügeebene werden durch den reflektierenden Untergrund lediglich 4 % mehr Energie eingetragen. Der Strahl mit der größeren Rayleighlänge öffnet sich nicht so stark und hat auf dem Rückweg einen vergleichsweise kleinen Durchmesser und eine entsprechend hohe Energiedichte. Über den Querschnitt der Fügeteile betrachtet, ergibt sich dadurch ein signifikanter Anstieg der Energie, der in der Fügeebene etwa 36 % beträgt.

Bild 56:
Energieverteilung bei transparentem und reflektierendem Untergrund für zwei verschiedene Rayleighlängen

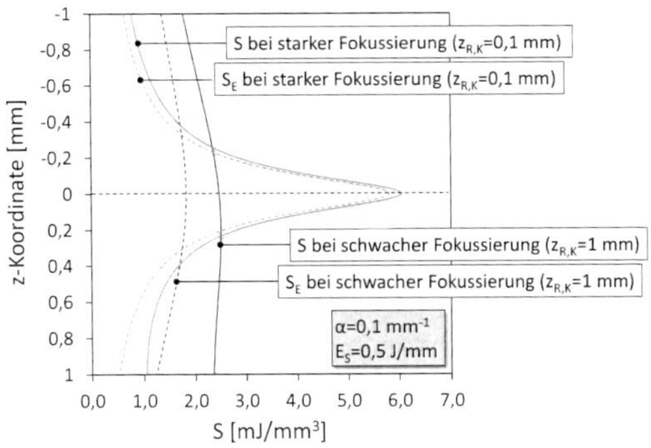

Im Hinblick auf die verwendeten Laserstrahlen, lassen die berechneten Energieverteilungen vor allem bei Laserstrahl 3 mit seiner großen Rayleighlänge ($z_{R,K}$=8,56 mm) einen merklichen Einfluss des Untergrunds erwarten. Die experimentelle Validierung wird so durchgeführt, dass die Fügeteile in einer Spannvorrichtung (Bild 59) zunächst auf einen Untergrund aus Aluminium und anschließend auf einen aus Glas gespannt werden. Der Untergrund aus Aluminium reflektiert die Strahlung vollständig (Bild 53), während bei der Glasplatte, durch Reflexionen an den beiden Grenzflächen, etwa 10 % der Strahlung zurückgeworfen werden. In den Bestrahlungsversuchen macht sich dieser Unterschied in der Breite der WEZ deutlich bemerkbar (Bild 57). Bei gleicher Streckenenergie wird eine mehr als 50 % breitere WEZ erreicht, wenn anstelle von Glas der vollreflektierende Untergrund aus Aluminium verwendet wird.

Darüber hinaus gelingt es mithilfe der vollständigen Reflexion eine größere Maximalbreite zu erreichen, bevor der Prozess an seine Grenzen stößt und der Kunststoff auf der Einstrahlfläche zu verbrennen beginnt. Der Grund dafür liegt in der Energieverteilung, die auf der rechten Seite von Bild 57 für den verwendeten Laserstrahl berechnet wurde. Durch die vollständige Reflexion überlagern sich die Energieverteilungen des eindringenden und reflektierten Strahls (S_E+S_R) so, dass ein nahezu konstantes Energieniveau entlang der Strahlachse erreicht wird. Wird die Strahlung, wie bei der Glasplatte, nur geringfügig reflektiert, stellt sich eine nach unten fallende Energieverteilung ein (~S_E). Der maximale Energieeintrag erfolgt nun auf der Einstrahlfläche, wo folglich auch die thermische Schädigung des Kunststoffs als erstes einsetzt.

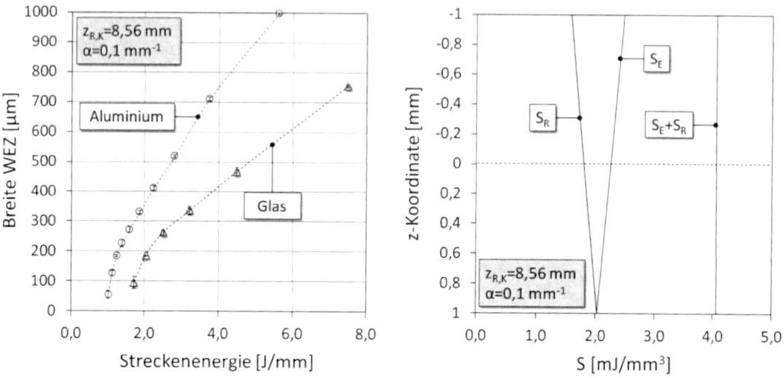

Bild 57: WEZ-Breite über Streckenenergie bei Aluminium- und Glasuntergrund (links), Energieverteilungen des Laserstrahls 3 (rechts), $z_{R,K}$=8,56 mm-1

Bei kleiner werdender Rayleighlänge trägt die Reflexion immer weniger zur Schweißnaht bei, da der reflektierte Strahl und die von ihm transportierte Energie in der Fügeebene zunehmend breiter verteilt sind. Analog zu den Ergebnisse in Bild 57, finden sich in Bild 58 die Ergebnisse für den Laserstrahl 1 ($z_{R,K}$=0,314 mm) zum Vergleich. Auch hier ist ein Einfluss der Reflexion erkennbar, der jedoch weitaus schwächer ausgeprägt ist als im Beispiel zuvor.

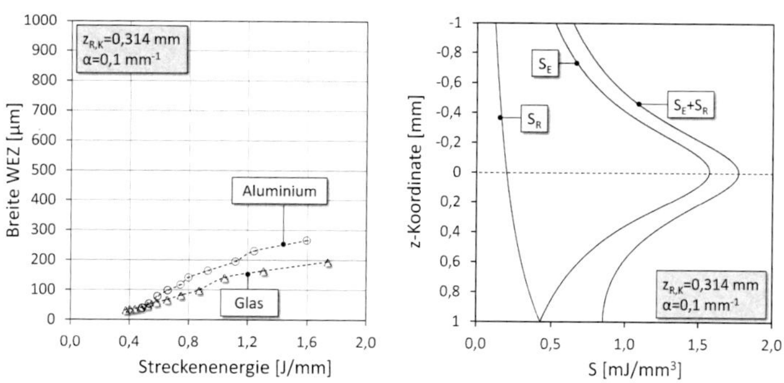

Bild 58: WEZ-Breite über Streckenenergie bei Aluminium- und Glasuntergrund (links), Energieverteilungen des Laserstrahls 1 (rechts), $z_{R,K}$=3,14 mm-1

Aus den Ergebnissen ist zu schließen, dass die Rückführung transmittierter Strahlung durch einen reflektierenden Untergrund prozesstechnisch von Vorteil ist. Auf diese Weise lässt sich die Streckenenergie zur Erzeugung einer bestimmten Schweißnahtbreite, speziell bei Strahlen mit großer Rayleighlänge, deutlich reduzieren und damit auch die Gefahr von unerwünschten Verbrennungen auf der Einstrahlfläche.

5.3 Quasisimultanschweißen

Bedingt durch die allgemein niedrige Wärmeleitfähigkeit von Kunststoffen, wird bei praxisüblichen Vorschubgeschwindigkeiten die Energie in der Fügezone weitaus schneller zugeführt als durch Diffusion abgeführt ($\Gamma >> 1$). Sinkt der Vorschub bei gleichbleibender Streckenenergie, so nimmt der Anteil der Diffusion am Energieaustausch, in dem der Energieeintrag zunehmend langsamer erfolgt, zu. Dies lässt sich nutzen, um Einfluss auf die Volumenselektivität des Energieeintrags auszuüben.

Um das zu demonstrieren, wird ein Versuchsaufbau bestehend aus einer Scanneroptik und einer darunter mittig angeordneten Spannvorrichtung verwendet (Bild 59).

Bild 59: Versuchsaufbau zur quasisimultanen Bestrahlung

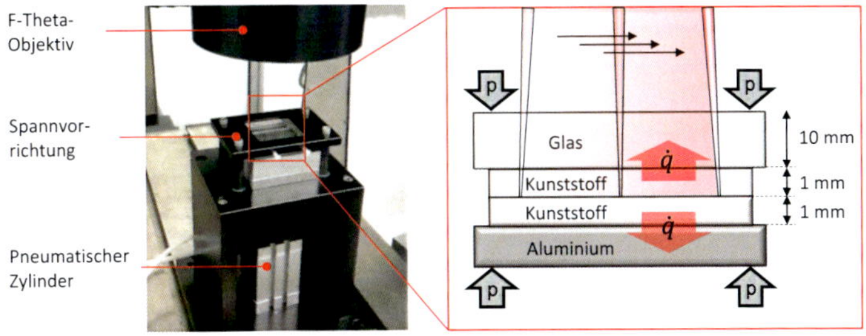

Die Komponenten der Scanneroptik tragen die in der Tabelle 7 aufgeführten Bezeichnungen. Der Rohstrahl des Thulium-Faserlasers wird ohne weitere optische Komponenten in die Scanneroptik eingekoppelt und durch das F-Theta Objektiv zum bereits vorgestellten Laserstrahl 3 geformt (Tabelle 6).

Scanner	Raylase Superscan-20
F-Theta Objektiv	Sill S4LFT0260/159

Tabelle 7: Komponenten der Scanner

Um die transmittierte Strahlung erneut in die Kunststoffproben zu koppeln, wird ein Probenhalter aus poliertem Aluminium verwendet (siehe Kap. 5.2). Der Fügedruck auf die zu fügenden Kunststoffproben wird durch eine Glasplatte aus Quarzglas ausgeübt, die in einen Metallrahmen gefasst ist und mithilfe eines pneumatischen Zylinders auf und ab bewegt werden kann. Neben ihren eigentlichen Aufgaben, haben sowohl die Glasplatte ($k=1{,}4\ Wm^{-1}k^{-1}$) als auch der Probenhalten ($k=200\ Wm^{-1}k^{-1}$) aufgrund ihres größeren Wärmeleitfähigkeitsvermögens gegenüber PC die zusätzliche Aufgabe, wie in Bild 59 skizziert, Wärme aus den randnahen Schichten der Kunststoffproben abzuführen. Dass dort tatsächlich der gewünschte Wärmeaustausch erfolgt, verdeutlicht die folgende Gegenüberstellung (Bild 60). Abgesehen von der Wulstbildung, die bei freier Einstrahlfläche auftritt, zeigt sich in der Randzone ein deutlicher Unterschied in der Ausprägung der WEZ. Ohne die Glasplatte bleibt die Breite der WEZ in der oberen Probenhälfte bis zum Erreichen der Oberfläche konstant. Daraus kann auf eine gleichmäßige Temperaturverteilung geschlossen werden. Wird eine Glasplatte auf die Einstrahlfläche gepresst, dehnt sich die WEZ nicht mehr ganz bis zu dieser aus. Durch die Wärmeabgabe an die Glasplatte, scheint im Randbereich die Temperatur deutlich abzufallen.

Bild 60:
WEZ bei freier (links) und mit Glasplatte angedrückter (rechts) Einstrahlfläche

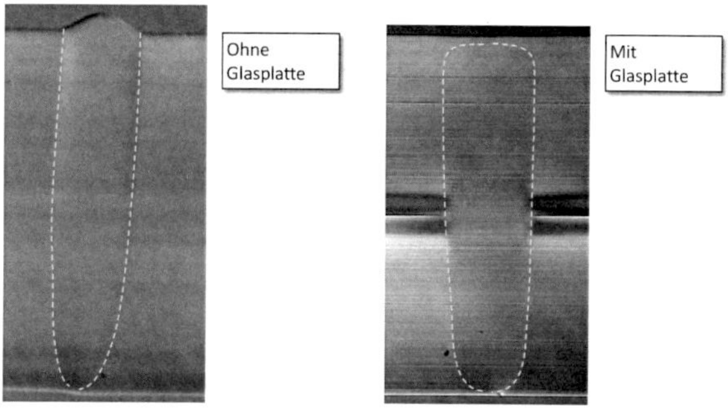

Die Rayleighlänge von Laserstrahl 3 beträgt bereits bei freier Propagation (in Luft) $z_{R,0}=5{,}35$ mm und überschreitet damit den durch Gl. 32 definierten Grenzwert für selektiven Energieeintrag in Höhe von $z_R=4{,}97$ mm. Die Verteilung der deponierten Energie nimmt demnach in Strahlrichtung ab. Durch die Reflexion an dem Probenhalter überlagert sich der reflektierte Strahl mit dem eindringenden so, dass über den gesamten Probenquerschnitt eine gleichmäßige Energieverteilung entsteht (Bild 57). Bei derart verteilter Energie kann die Erwärmung des Kunststoffvolumens nicht selektiv erfolgen, zumindest nicht bei typischen Vorschubgeschwindigkeiten, da hier der Energietransport, wie eingangs erwähnt, durch Konvektion geprägt ist.

Wird die gleiche Streckenenergie bei unterschiedlichen Vorschubgeschwindigkeiten in zwei Fügeteile eingestrahlt, können für die entstandene Schweißverbindung folgende Zugkräfte ermittelt werden (Bild 61).

Bild 61:
Reißkraft (links) und WEZ (rechts) von gefügten PC-Proben (1mm Dicke) bei versch. Parameterpaaren (E_s=konst.)

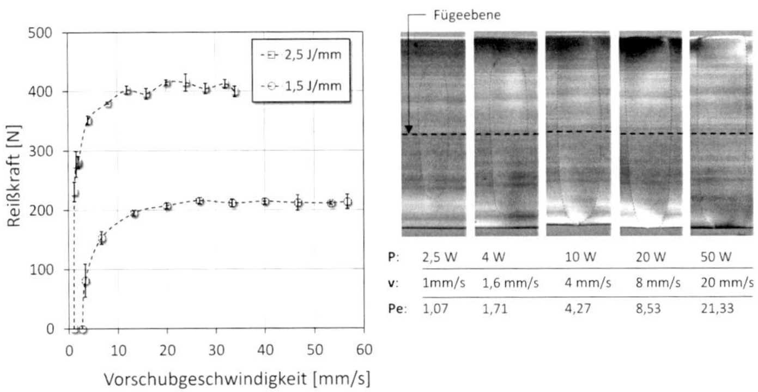

Abhängig von der gewählten Streckenenergie, ändert sich natürlich das allgemeine Festigkeitsniveau der Schweißverbindung, da mit mehr Energie ein entsprechend größerer Anbindungsquerschnitt erzeugt wird. Was sich nicht ändert, ist der Verlauf der Kurven. Beide bleiben in weiten Teilen konstant, beginnen jedoch bei Unterschreitung einer bestimmten Vorschubgeschwindigkeit zu fallen. Dort scheint ein kleinerer Anbindungsquerschnitt die Festigkeit der Schweißverbindung zu mindern, was sich auch auf Querschnittaufnahmen zeigt (Bild 61). Neben einer Querschnittsminderung, beginnt die WEZ auch in ihrer Längsausdehnung abzunehmen. Der Erwärmung erfolgt also zunehmend selektiver und dass obwohl die Strahleigenschaften es eigentlich nicht zulassen. Zurückzuführen kann die Schrumpfung der WEZ nur auf die Wärmeleitung sein, die im niedrigen Vorschubbereich an Einfluss gewinnt.

Da derart niedrige Vorschubgeschwindigkeiten, die zur Herbeiführung dieses Effekts erforderlich sind, für einen Serienschweißprozess inakzeptabel sind, stellt sich die Frage, ob sich die Wärmeleitung auch ohne Einbußen in der Prozessgeschwindigkeit nutzbar machen lässt, um die Selektivität der Erwärmung zu steigern. Das Potential diesen Trade-Off zu schaffen besitzt das Quasisimultanschweißen, wie aus der folgenden Abbildung hervorgeht. Dargestellt sind typische Temperaturverläufe beim

Quasisimultanschweißen im Vergleich zu dem eines Konturschweißprozesses (Bild 62).

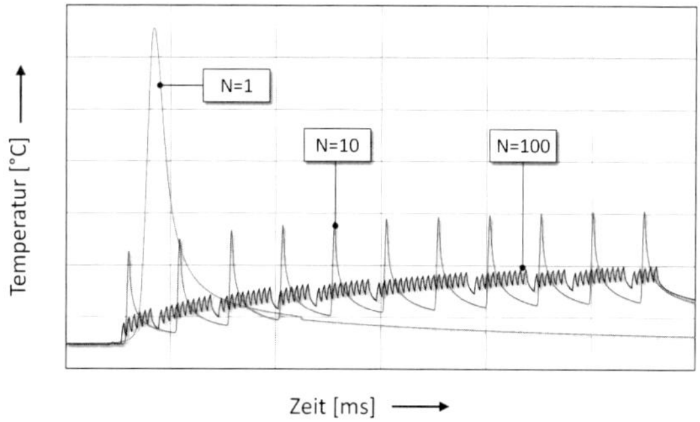

Bild 62: Schematische Temperaturverläufe beim Kontur- (N=1) und Quasisimultan-schweißen (N=10 & 100)

Beim Konturschweißen (N=1) fährt der Laserstrahl die Schweißbahn nur einmal ab und bringt die Energie instantan ein. Wie oben schon gezeigt, ist die Heizphase bei üblichen Vorschubgeschwindigkeiten zu kurz, als dass Wärmeleitung die Entstehung der WEZ beeinflussen könnte. Als Heizphase ist diejenige Zeit t_{Heiz} gemeint, in der sich der Laserstrahl mit einem infinitesimalen Schweißbahnabschnitt in Wechselwirkung befindet. Sie wird wie folgt berechnet:

$$t_{Heiz} = \frac{2 \cdot w_0}{v} \qquad \text{Gl. 43}$$

w_0: Strahlradius

v: Vorschub des Laserstrahls

Anders als beim Konturschweißen, teilt sich der Energieeintrag beim Quasisimultanschweißen auf mehrere Überfahrten auf. Je höher die Anzahl der Überfahrten N, desto kleiner sind die Energieanteile, die pro Überfahrt deponiert werden und dementsprechend auch die Temperatursprünge. Bei einem ausreichend großen N kann so ein nahezu stufenloser Temperaturanstieg erreicht werden. Wird gleichzeitig die Vorschubgeschwindigkeit proportional zu N erhöht, bleibt die Prozesszeit im Vergleich zum Konturschweißen unverändert[8].

$$t_{Prozess} = \frac{L \cdot N}{v} \qquad \text{Gl. 44}$$

L: Schweißbahnlänge

Da die Erwärmung quasisimultan erfolgt, befindet sich die Schweißbahn beim Quasisimultanschweißen über die gesamte Prozesszeit in der Heizphase. Um eine derart lange Heizphase im Konturschweißverfahren realisieren zu können, muss gelten:

$$t_{Heiz}(v^*) = t_{Prozess}(v) \qquad \text{Gl. 45}$$

Nach Umstellung ergibt sich für die gesuchte Vorschubgeschwindigkeit v* der Ausdruck:

$$v^* = \frac{2 \cdot w_0}{L} \cdot \frac{v}{N} \qquad \text{Gl. 46}$$

Unter der Prämisse einer konstanten Prozesszeit bildet der Ausdruck v/N eine Konstante. Für N=1 entspricht v demzufolge der Geschwindigkeit, mit der sich Prozesszeit gegenüber dem Quasisimultanschweißen nicht ändern würde. Zum Erreichen einer gleichlangen Heizphase müsste die Geschwindigkeit v* deutlich langsamer sein, nämlich um den Faktor $2 \cdot w_0/L$ kleiner als v/N. Die quasisimultane Bestrahlung bietet also gegenüber dem Konturschweißen die Möglichkeit, den Fügebereich bei gleicher Prozesszeit deutlich langsamer zu erwärmen.

In den nachfolgenden Experimenten wird untersucht, inwieweit sich diese Prozesseigenschaft eignet, um durch Ausnutzung der Wärmeleitung die Selektivität der Erwärmung zu steigern. Als Testkontur für die Bestrahlungsversuche dient ein Kreis, der den Vorteil hat, dass Start- und Endpunkt der Schweißbahn zusammenfallen und folglich keine Sprungzeit zu berücksichtigen ist, in der der Laserstrahl nach jeder beendeten Überfahrt zum Startpunkt zurückkehrt. Ferner

8 Diese Aussage hat nur bei geschlossenen Schweißbahnen Gültigkeit. Fallen Anfang und Ende der Schweißbahn nicht zusammen, erhöht sich die Prozesszeit um die Sprungzeit d.h. jene Zeit, die der der Laserstrahl nach vollendeter Überfahrt benötigt, um vom Bahnende zum Anfang zurückzuspringen.

besitzt der Kreis keine Ecken, in denen der Laserstrahl aufgrund der Richtungsänderung abbremst und beschleunigt. Dort kann es insbesondere bei hohen Leistungen zur Überhitzung des Kunststoffs kommen, die nicht selten zu Verbrennungsspuren auf der Glasplatte führt und diese für nachfolgende Bestrahlungszyklen unbrauchbar macht.

Die erste Versuchsreihe zielt auf die Anzahl der Überfahrten ab und ihren Einfluss auf die Selektivität der Erwärmung. Ausgehend von einer einzigen Überfahrt (N=1), wird die Anzahl sukzessive erhöht. Damit die eingetragene Energiemenge entlang der Schweißbahn stets gleich bleibt, wird die Vorschubgeschwindigkeit proportional zu N erhöht, während die Laserleistung konstant bleibt. Als Maß für die Energiemenge wird an der Stelle, die akkumulierte Streckenenergie E_{akk} eingeführt, die der N-fachen Streckenenergie E_S entspricht und sowohl beim Kontur- als auch Quasisimultanschweißen angewendet werden kann.

$$E_{akk} = E_S \cdot N = \frac{P}{v} \cdot N \qquad \text{Gl. 47}$$

Werden P und v bei konstanter E_{akk} gleichermaßen erhöht, kann in der Ausprägung der WEZ die in Bild 63 beispielhaft dargestellte Entwicklung beobachtet werden.

Bild 63:
Ausprägung der WEZ bei gleichmäßiger Steigerung von N und v

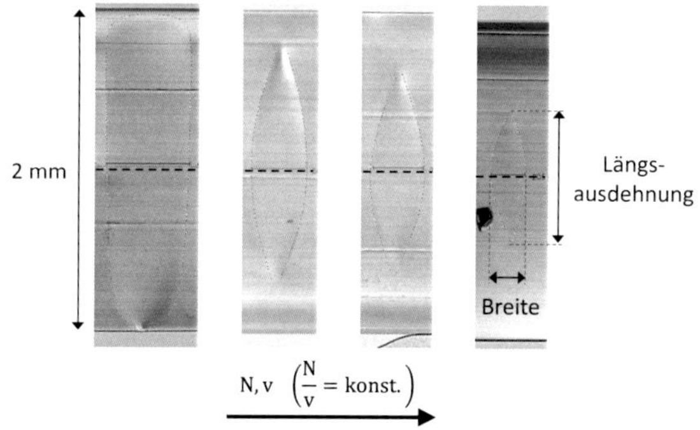

Während anfangs noch der gesamte Querschnitt beider Fügeteile plastifiziert wird, fokussiert sich die Erwärmung im weiteren Verlauf immer weiter auf den Fügebereich. Im Vergleich zur WEZ, die im Konturverfahren entsteht (Bild 61), nimmt die WEZ bei quasisimultaner Bestrahlung eine deutlich andere Form an. Vergleichbar ist die Form mit der, die die WEZ bei Verwendung von Laserstrahl 1 besitzt, allerdings mit sichtbar mehr Breite (Bild 39).

In den folgenden beiden Graphen sind Höhe und Breite der WEZ über die Überfahrtenanzahl N für drei verschiedene Streckenergien aufgetragen (Bild 64). Aufgrund der Symmetrie der WEZ zur Probenmitte, wird die Längsausdehnung nicht in L_O und L_U (vgl. Bild 38) unterteilt und nur als solche dargestellt.

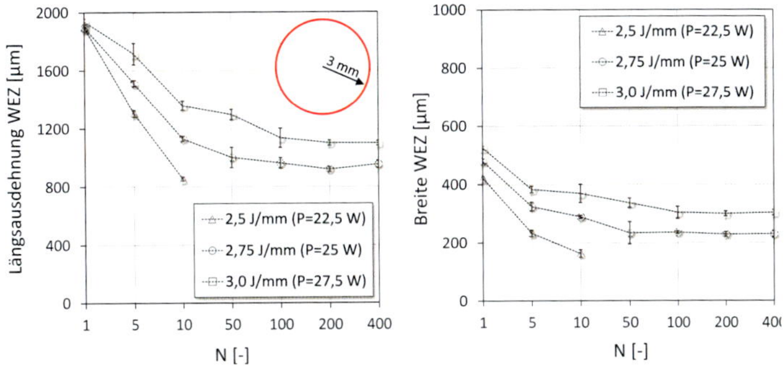

Bild 64:
Ausprägung der WEZ bei steigender Anzahl an Überfahrten, Prozesszeit bleibt durch gleiche Skalierung von v und N konstant

Schon bei vergleichsweise wenigen Überfahrten ist gegenüber dem Konturschweißen ein signifikanter Unterschied in der Ausprägung der WEZ festzustellen. Bei E_S=2,75 J/mm etwa, wird mit N=50 eine Halbierung der Längsausdehnung erzielt. Gleichzeitig verringert sich allerdings auch die Breite der WEZ um die Hälfte. Wird N weiter erhöht, so stagnieren ab etwa N=100 die Maße der WEZ. Gleicher Kurvenverlauf stellt sich auch bei höherer Streckenenergie ein. Bei niedrigerer Streckenenergie hingegen wird kein Plateau erreicht. Hier ist oberhalb von N=10 keine WEZ mehr im Querschnitt der bestrahlten Probe zu erkennen, weshalb die Kurve an der Stelle endet. Offensichtlich erreicht die Temperatur nicht mehr den Schmelzpunkt des Kunststoffs, da die Temperatursprünge, wie im Bild 62 prinzipiell dargestellt, zunehmend kleiner werden.

Bisher zeigen die Ergebnisse, dass eine quasisimultane Bestrahlung zwar die gewünschte Selektivität im Sinne einer kleineren Längsausdehnung der WEZ herbeiführen kann, sie jedoch gleichzeitig auch die Breite der WEZ und damit die Festigkeit der Schweißverbindung verringert. Es stellt sich die Frage, ob die ursprüngliche Breite der WEZ (N=1) mit zunehmender Selektivität aufrechterhalten lässt. Als Ausgangspunkt wird die Streckenenergie 2,75 J/mm bei N=100 beispielhaft gewählt. Gemäß Bild 64 beträgt die Breite der WEZ bei dem Parametersatz etwa die Hälfte von der Längsausdehnung. Von hier aus wird die Leistung sukzessive erhöht, während N und v konstant gehalten werden. In Bild 65 ist die Auswirkung dieses Vorgehens auf die Längsausdehnung der WEZ dargestellt.

Bild 65:
Ausprägung der WEZ bei steigender Leistung, v & N = konst.

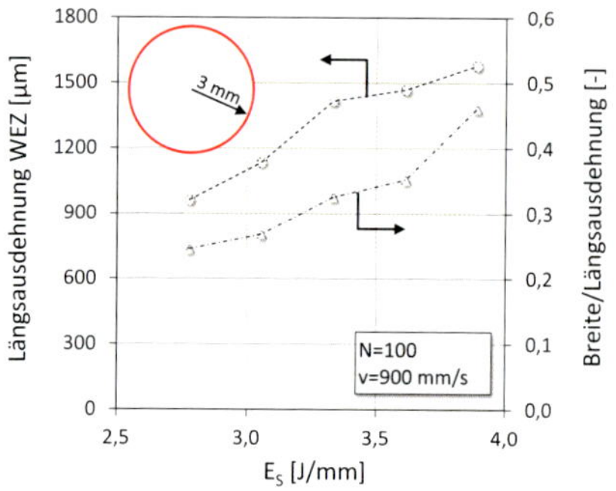

Wie zu erwarten, nehmen sowohl Längsausdehnung als auch die Breite der WEZ zu, wenn mehr Energie in die Kunststoffprobe eingetragen wird. Es ist jedoch festzustellen, dass die Breite im Vergleich zur Längsausdehnung stärker zunimmt. Bei etwa 3,6 J/mm erreicht die WEZ die ursprüngliche Breite (~500 µm), ohne dass sie sich in Längsrichtung über den gesamten Probenquerschnitt ausdehnt (~1500 µm). Durch quasisimultane Bestrahlung ist es also möglich, die Fügezone selektiver zu erwärmen als im Konturschweißverfahren und so die bestrahlte Bauteiloberfläche weniger thermisch zu belasten. Entscheidend dabei ist die Länge der bestrahlten Schweißbahn, die bei der bisherigen Testkontur mit 3 mm Kreisbahnradius etwa 19 mm beträgt. Nimmt die Schweißbahnlänge ohne Anpassung der Prozessparameter zu, werden die zeitlichen Abstände zwischen den Bestrahlungszyklen und damit der Wärmeverlust immer größer, bis schließlich keine Akkumulation der Wärme mehr erfolgt. Diesen Fall stellt die fallende Kurve in Bild 66 dar. Bei Vergrößerung des Kreisbahndurchmessers auf 5 mm, halbiert sich die Längsausdehnung (und die Breite) der WEZ, bis schließlich bei weiter Vergrößerung keine WEZ im Querschnitt des Probekörpers mehr zu erkennen ist.

Um die Wärmeakkumulation auch bei längeren Schweißbahnen aufrechtzuerhalten, muss zuerst der Zeitabstand zwischen den Bestrahlungszyklen konstant gehalten werden, indem die Vorschubgeschwindigkeit proportional zur Bahnlänge erhöht wird (Gl. 39). Da ein höherer Vorschub die Wechselwirkungszeit verkürzt, muss die Laserleistung ebenfalls erhöht werden, um die im Kunststoff deponierte Streckenenergie (Gl. 27) konstant zu halten. Mit diesem Ansatz gelingt es bei E_S=3,25 J/mm bis zu einem Kreisbahndurchmesser von 9 mm eine gleichbleibende WEZ zu erzeugen. An dem Punkt wird das Leistungsmaximum der Laseranlage erreicht, da die Leistung ausgehend von 30 W proportional zum Kreisbahnradius zugenommen hat. Um zu zeigen, dass sich die Methode grundsätzlich auch auf längere Schweißbahnen übertragen lässt, wird eine zusätzliche Testreihe mit einer niedrigeren Streckenenergie (2,78 J/mm) durchgeführt, mit der der maximale Kreisbahnradius auf 11 mm erhöht werden kann, bevor die Laseranlage erneut an ihre Leistungsgrenze stößt. Wie weit sich dieser Ansatz fortsetzen lässt, ist also in erster Linie von dem Leistungsvermögen der Laseranlage und der maximal mit dem Scanner erreichbaren Vorschubgeschwindigkeit abhängig. Über die anlagenseitigen Grenzen hinaus, können bis zu einem gewissen Maß noch längere Schweißbahnen bestrahlt werden, indem die Anzahl der Überfahrten, als letzter steigerungsfähiger Prozessparameter, erhöht wird [110]. Allerdings verlängert sich dadurch die Zykluszeit des Schweißprozesses entsprechend, so dass dieser Ansatz hier nicht weiter verfolgt wird.

Bild 66:
Ausprägung der WEZ bei zunehmender Schweißbahnlänge mit und ohne Anpassung der Prozessparameter

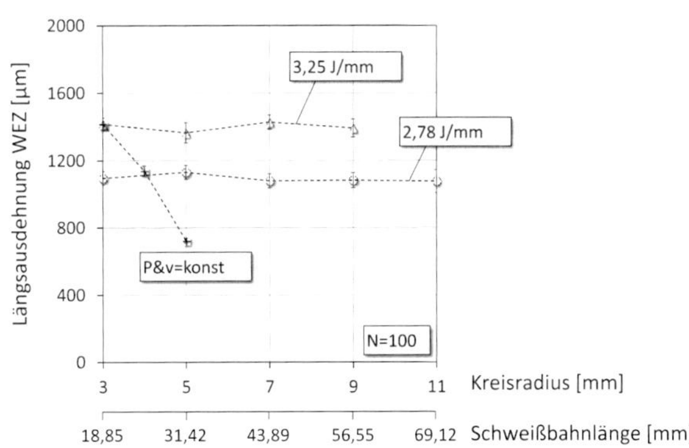

Durch die gleichzeitige Anpassung von Vorschubgeschwindigkeit und Laserleistung ist es also möglich, die selektive Erwärmung auf Schweißbahnen zu übertragen, deren Länge einzig durch die Leistungsfähigkeit der Laseranlage begrenzt ist. Im typischen Leistungsspektrum von Laserschweißanlagen für das Kunststoffschweißen sind die so erreichbaren Schweißbahnlängen nicht allzu lang, insbesondere wenn Schweißbahnen von LoC-Anwendungen als Referenz herangezogen werden. Hier sind Schweißbahnlängen von über einem Meter keine Seltenheit (Bild 1). Ein Ansatz, der in dem Fall theoretisch zum Tragen kommen könnte, ist die Aufteilung der Gesamtkontur in kurze Segmente, auf die sich die beschriebene Bestrahlungsmethode anwenden lässt. Die Segmentierung der Schweißbahn hätte besonders bei LoC-Bauteilen den zusätzlichen Vorteil, dass die Segmente in bestimmter Reihenfolge bestrahlen werden können, um so z.B. Überhitzung in Bereichen zu vermeiden, wo viele Schweißbahnen eng beieinander liegen.

5.4 Vergleich von Quasisimultan- und Konturschweißen

In diesem Abschnitt soll das zuletzt betrachtete Quasisimultanschweißen dem Konturschweißen mit stark fokussierter Strahlung gegenübergestellt werden, um die individuellen Vorteile beider Ansätze, aber auch die Einschränkungen im Hinblick auf potentielle Anwendungen zu identifizieren.

5.4.1 Zulässige Absorptivität des Kunststoffs

Die Versuche im vorherigen Abschnitt sind nur an naturbelassenen PC-Proben (α=0,1 mm^{-1}) durchgeführt worden, weil in der Konstellation mit dem eingesetzten Laserstrahl und dessen Reflexion am Probenhalter eine gleichmäßige Energieverteilung im Kunststoffvolumen erzielt wird (Bild 57, rechts). Nimmt der Absorptionskoeffizient des Kunststoffs zu, kann die fallende Verteilung der Energie des eindringenden Strahls S_E durch die des reflektierten Strahls S_R nicht mehr ausgeglichen werden. Die überlagerte Verteilung beider Strahlen S_E+S_R beginnt dementsprechend stärker abzufallen (Bild 67).

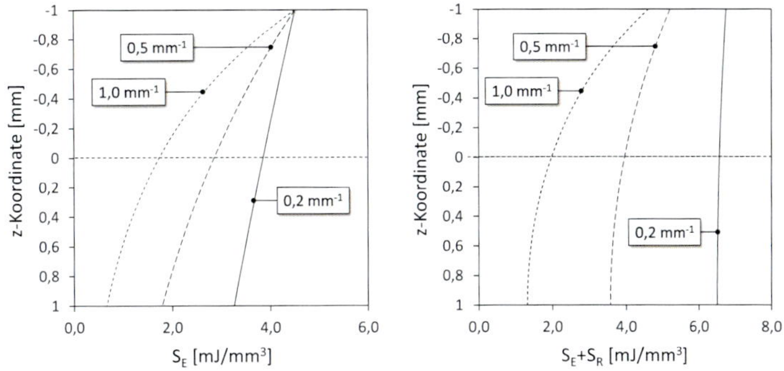

Bild 67: Energieverteilung von Laserstrahl 3 ($z_{R,K}$=8,56 mm^{-1}) bei steigendem Absorptionskoeffizient

Die WEZ folgt dieser Verteilung und verlagert sich zunehmend zur Einstrahlebene. Auf der linken Seite des nachfolgenden Bildes ist beispielhaft die Verlagerung der WEZ bei dem Absorptionskoeffizient α=1,0 mm^{-1} dargestellt (Bild 68).

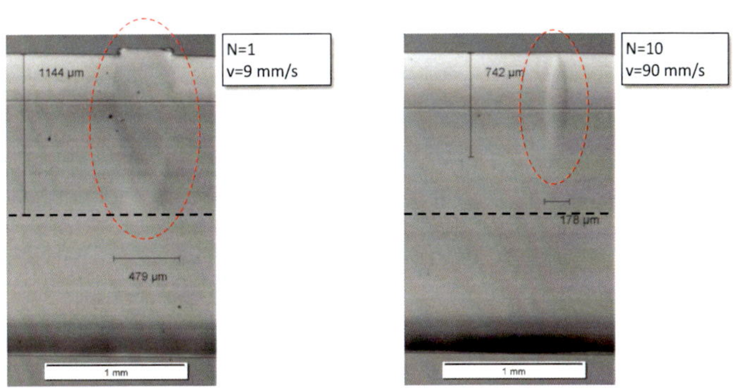

Bild 68: Ausprägung der WEZ beim Quasisimultanschweißen von PC mit α=1 mm^{-1}, P=5W

Wie bei naturbelassenem PC (α=0,1 mm^{-1}) gelingt es auch hier durch mehrfaches Überfahren die Wärmeabfuhr über die Glasplatte auszunutzen und so die WEZ ins Kunststoffinnere zu verlagern (vgl. Bild 63). Durch die vorwiegend im oberen Teil stattfindende Energiedeposition, liegt jedoch auch der Ursprung der WEZ weit in der oberen Probenhälfte. An dem Punkt, an dem die WEZ in Längsrichtung die Einstrahlfläche erreicht, ragt sie noch nicht in den unteren Fügepartner, d.h. in der Fügeebene erreicht der Kunststoff nicht den Schmelzpunkt. Eine Verschweißung unter der Maßgabe einer selektiven Erwärmung ist also bei dieser Kombination aus Strahl- und Absorptionseigenschaften nicht möglich.

Um auch Kunststoffe mit $\alpha>0{,}1\ mm^{-1}$ mittels quasisimultaner Bestrahlung selektiv verschweißen zu können, ließen sich prinzipiell auch stärker fokussierte Strahlen einsetzen, mit dem Ziel, eine ebensolche oder gar selektivere Energieverteilung wie in Bild 57 zu erreichen. Hierbei sind unbedingt beide Strahlungsanteile zu berücksichtigen. Klar ist, dass die deponierte Energie des eindringenden Strahls sich umso günstiger verteilt, je größer dessen Öffnungswinkel ist. Gleichzeitig fällt jedoch aus dem gleichen Grund die Energieverteilung des reflektierten Strahls stärker ab. In der Summe kann sich für unterschiedlich stark fokussierte Strahlen ein ähnlicher Verlauf der eingetragenen Energie ergeben (Bild 69).

Bild 69: Überlagerte Energieverteilung für Strahlen mit unterschiedlichen Rayleighlängen

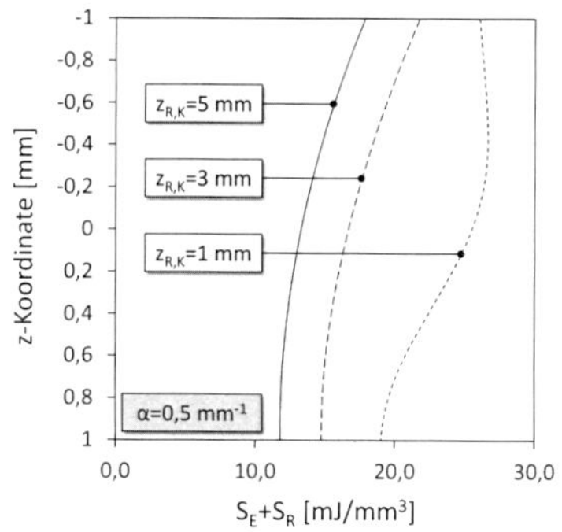

Gut zu erkennen ist in der Darstellung, dass sich in der oberen Hälfte des Kunststoffs ein näherungsweise ebener Energieverlauf erst bei einer relativ kurzen Rayleighlänge einstellt[9]. In dem Zusammenhang ist zu erwähnen, dass bei scannergeführten Strahlen eine stärkere Fokussierung in der Regel mit einem kleineren Arbeitsfeld einhergeht. Das Arbeitsfeld des eigesetzten Scanners bzw. des Objektivs beträgt 160x160 mm^2. Das entspricht etwa dem Format einer CD, das bei LoC-Anwendungen häufig Einsatz findet (Bild 1). Bei einem Strahl mit $z_{R,K}$=1 mm ist das Arbeitsfeld weitaus kleiner. Daher wäre hier zu prüfen, ob das Bauteil von dem Arbeitsfeld des Scanners abgedeckt wird. Bei einer achsengeführten Festoptik sind

[9] Angegeben sind die Rayleighlängen im Kunststoff! Die Rayleighlängen der Freistrahlen ergeben sich durch Division mit dem Brechungsindex (hier n=1,6).

Arbeitsfeldgröße und Fokussierstärke voneinander unabhängig. Wie bereits gezeigt, kann durch starke Fokussierung auch bei hohen Absorptionskoeffizienten eine selektive Erwärmung im Bauteil erreicht werden (Bild 40). In der Hinsicht bietet also das Konturschweißen gegenüber dem Quasisimultanschweißen einen größeren Spielraum.

5.4.2 Prozessgeschwindigkeit

Schon in Kap. 4.3 wurde bereits beobachtet, dass sich bei gleicher Energiemenge Unterschiede im Temperaturfeld ergeben, je nach gewählter Vorschubgeschwindigkeiten des Laserstrahls (Bild 32). Werden also Vorschub und Leistung in gleichem Maße angehoben oder gesenkt, nimmt die Temperatur einen anderen Wert an als in der Ausgangssituation, obwohl die eingebrachte Energiemenge nach Gl. 27 die gleiche ist. Neben der Energiemenge scheint folglich auch der Zeitraum entscheidend zu sein, über den die Energie deponiert wird. Berücksichtigt wird dies in der Kennzahl Γ, in der die Geschwindigkeit der Wärmequelle bzw. des Laserstrahls ins Verhältnis gesetzt wird zum diffusiven Energiefluss (siehe Kap. 3.3).

In Bild 70 sind für zwei verschiedene Streckenenergien die Maximaltemperaturen in der Fügeebene simuliert und über Vorschub bzw. der Kennzahl Γ aufgetragen worden. Die angenommenen Strahlparameter entsprechen dem Laserstrahl 1 ($z_{R,0}$=0,196 mm). Der eingesetzte Absorptionskoeffizient ist α=0,1 mm^{-1}.

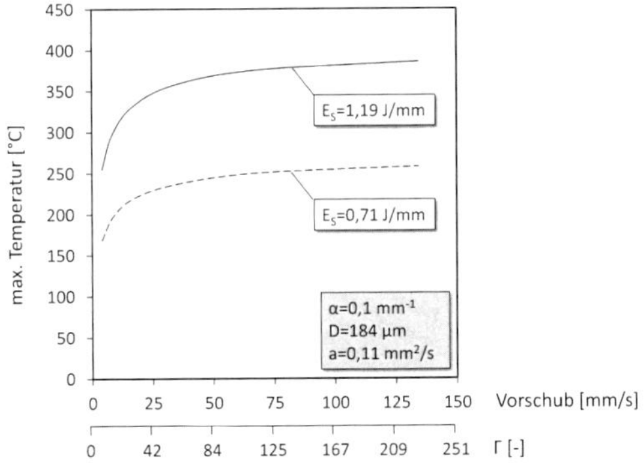

Bild 70: Simulierte Maximaltemperatur in Abhängigkeit des Vorschubs bzw. der Kennzahl Γ für Laserstrahl 1, $z_{R,K}$=0,314 mm

Beide Temperaturkurven weisen einen degressiven Verlauf auf, der den Einfluss des diffusiven Energietransports, d.h. der Wärmeleitung, gut verdeutlicht. Im Bereich $\Gamma>40$ stagniert die Temperatur, da hier die Wärme deutlich schneller eingetragen wird als durch die geringe Wärmeleitfähigkeit des Kunststoffs abgeführt werden kann. Unterhalb von $\Gamma=40$ scheint der Einfluss der Wärmeleitung hingegen sichtlich zuzunehmen. Durch die längere Wechselwirkungszeit ist der Kunststoff in der Lage, einen größeren Anteil der deponierten Energie zeitgleich abzuführen und so den Temperaturanstieg zu reduzieren.

Im Hinblick auf eine effiziente Nutzung der Energie legen die Simulationsergebnisse einen möglichst schnellen Energieeintrag nahe. So werden die Verluste durch Wärmeleitung minimiert und die Temperatur im Fügebereich maximiert. Dies wurde experimentell validiert, indem mit Laserstrahl 1 eine Streckenenergie von $E_S=0{,}71$ J/mm bei unterschiedlichen Vorschubgeschwindigkeiten eingetragen und die Ausdehnung der WEZ ober- und unterhalb der Fokusebene gemessen wurde (Bild 71).

Bild 71:
WEZ bei konstanter Streckenenergie ($E_S=0{,}71$ J/mm) und unterschiedlichen Kennzahlen Γ unter Verwendung von Laserstrahl 1, $z_{R,K}=0{,}314$ mm

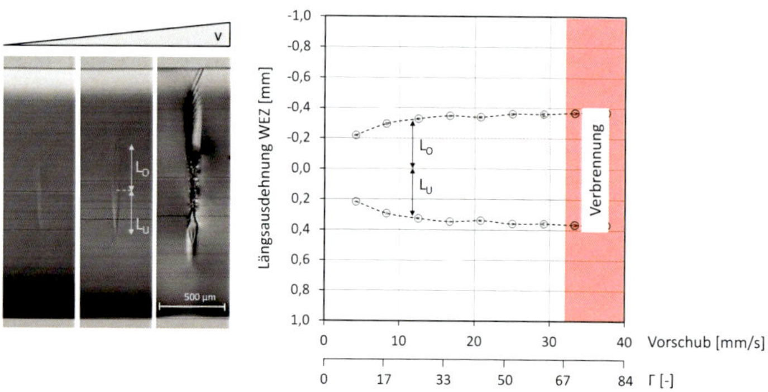

Analog zu den zuvor berechneten Maximaltemperaturen nimmt auch die Ausdehnung der WEZ degressiv zu und stagniert bei Erreichen eines bestimmten Vorschubs bzw. einer bestimmten Kennzahl Γ. Die Effizienzsteigerung des Energieeintrags bei höherem Vorschub lässt sich also auch experimentell beobachten. Ebenfalls beobachten lässt sich ein vermehrtes Auftreten von Verbrennungen, wenn ein bestimmter Vorschubbereich erreicht wird. Wie in der Schnittansicht auf der linken Seite von Bild 71 exemplarisch dargestellt, traten die

Verbrennungen stets im Inneren des Kunststoffs auf. Eingeschlossene Schmutz- oder Staubpartikel, die die Laserstrahlung absorbieren und sich infolgedessen entzünden, sind aufgrund der Regelmäßigkeit, mit der die Verbrennungen auftreten, eher unwahrscheinlich. Es muss sich hierbei also um Verbrennungen handeln, die aus einer lokalen Temperaturüberhöhung resultieren. Bei dem verwendeten Anlagen- und Parametersetup nahm die Anzahl der Verbrennungen oberhalb von 30 mm/s merklich zu, bis diese schließlich bei etwa 40 mm/s regelmäßig auftraten. Das Quasisimultanschweißen bietet in einem solchen Fall die Möglichkeit, den Energieeintrag auf mehrere Überfahrten aufzuteilen und so die Temperatur stetig statt sprunghaft steigen zu lassen, um Verbrennungen zu vermeiden (vgl. Bild 62). Aus dem Grund konnte im Leistungsspektrum der verwendeten Strahlquelle keine Verbrennungsschwelle wie beim Konturschweißen ermittelt werden.

Das Auftreten von Verbrennungen ist nicht der einzige Aspekt, der die Prozessgeschwindigkeit beim Einsatz stark fokussierter Strahlung begrenzt. Zusätzlich sorgt eine abnehmende Konturtreue dafür, dass die Geschwindigkeit nicht beliebig erhöht werden kann. Durch die Masse der bewegten Komponenten besitzt das System eine gewisse Trägheit. Diese Trägheit sorgt dafür, dass der Strahl bei hohen Prozessgeschwindigkeiten nicht mehr exakt der vorgegebenen Schweißbahn folgt. Zwar sind die Abweichungen von der Sollbahn vergleichsweise klein, bei vielen LoC-Anwendungen jedoch in der Größenordnung der Fluidikstrukturen (Bild 72). Letztere gilt es in der Regel möglichst konturnah zu versiegeln und so Spalte zwischen den Fügeteilen zu vermeiden. Bei kleinem Vorschub sind keine Trägheitseffekte erkennbar und die Schweißbahn verläuft präzise an der Außenkontur der Fluidikstruktur. Steigt die Vorschubgeschwindigkeit, treten deutliche Abweichungen von der vorgegebenen Schweißbahn auf. Der Strahl gerät einigerorts in die Fluidikstrukturen und verringert dort durch eindringende Schmelze den Fließquerschnitt. An andren Stellen wiederum entfernt er sich zu weit von der Kanalkante und hinterlässt dort Spalte zwischen den Fügeteilen, in denen sich später Reste der geförderten Flüssigkeiten sammeln können.

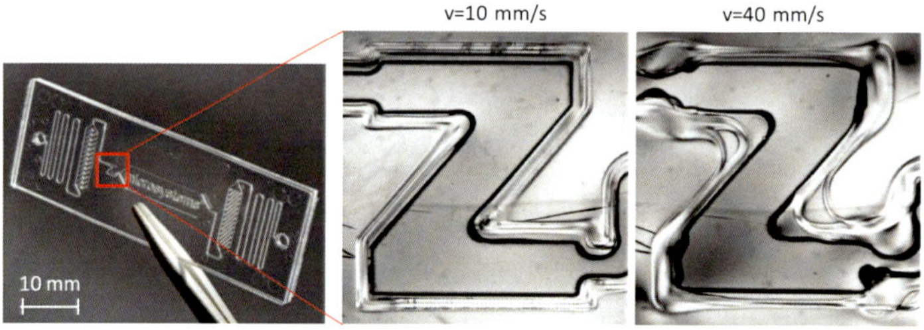

Bild 72: Schweißnaht entlang des Elementrandes verdeutlicht Konturtreue bei langsamem und schnellen Vorschub

Im Vorschubbereich von achsgeführten Schweißsystemen, weisen Scannersysteme im Normalfall eine größere Konturtreue auf, weil die Massen der beiden Ablenkspiegel deutlich kleiner sind als die einer Festoptik. Nimmt die Dynamik wie beim Quasisimultanschweißen oder dem TWIST-Verfahren zu, schlägt sich die Massenträgheit auch hier immer stärker in der Konturtreue nieder. Beim Einrichten des Prozesses empfiehlt es sich daher, Bereiche der Schweißbahn mit großen Richtungsänderungen wie z.B. Ecken auf eine konturtreue Strahlführung zu kontrollieren und die Vorschubgeschwindigkeit ggf. anzupassen.

5.4.3 Spaltüberbrückbarkeit

Abweichungen vom Nennmaß sind bei spritzgegossenen Formteilen nicht zu vermeiden. Sie entstehen vorwiegend durch Schwindung und Verzug der abkühlenden Formmasse, können jedoch auch durch bewegliche Elemente des Formwerkzeugs (Auswerfer, Kerne usw.) verursacht werden. Durch diese Fertigungsungenauigkeiten entstehen im Kontaktbereich zweier Fügeteile Spalte, die durch die von der Spannvorrichtung ausgeübte Fügekraft nicht immer vollständig geschlossen werden können. Um eine dichte Verschweißung zu erhalten, muss der Schweißprozess also in der Lage sein, die verbleibenden Restspalte zu überbrücken.

Beim klassischen Laserdurchstrahlschweißen sind Restspalte kritisch, da dort der thermische Kontakt zum lasertransparenten Fügeteil unterbrochen ist. Dieser muss zunächst durch die thermische Ausdehnung des laserabsorbierenden Fügeteils hergestellt werden, damit der für die Schweißnahtbildung erforderliche Wärmetransfer stattfinden kann. In dieser Phase staut sich die Wärme im laserabsorbierenden Fügeteil und es kann lokal zu Verbrennungen kommen. Wie groß die maximale Größe des Restspalts ist, die ohne Überhitzung überbrückt werden kann, hängt letztlich von der thermischen Beständigkeit des Kunststoffs, seinem Wärmeausdehnungskoeffizienten und dem Volumen ab, das mit dem Strahl wechselwirkt. Letzteres ergibt sich aus der Querschnittsfläche des Strahls, seiner optischen Eindringtiefe in den Kunststoff und der Wechselwirkungszeit mit selbigem. Da die optische Eindringtiefe des Laserstrahls typischerweise nur wenige zehn Mikrometer beträgt [27] und die Wechselwirkung sehr kurz ist, lassen sich beim klassischen Laserdurchstrahlschweißen im Konturverfahren nur relativ kleine Spalte überbrücken. Russek kann in seinen Experimenten mit PC (Makrolon 2405) Spalthöhen von <50 µm überbrücken. Dabei sieht er einen Spalt als überbrückt an, wenn die Festigkeit der Schweißnaht, bezogen auf eine spaltfreie Verschweißung, mindestens 80 % beträgt [60]. Mithilfe dieser Definition soll die Spaltüberbrückbarkeit auch beim Schweißen optisch gleicher PC-Proben bestimmt werden. Grundsätzlich wird hier ein größeres Überbrückungsvermögen erwartet, weil das mit dem Laserstrahl wechselwirkende Kunststoffvolumen deutlich größer ist. Beim Quasisimultanschweißen könnte zusätzlich die Dauer der Wechselwirkung die Spaltüberbrückbarkeit begünstigen.

Um eine definierte Spaltweite zwischen den Fügeteilen zu erhalten, werden Lehrenbänder mit unterschiedlichen Dicken gemäß der nachfolgenden Skizze genutzt (Bild 73). In dieser Konstellation werden die Proben in der Spannvorrichtung verspannt. Nach der Verschweißung werden die Lehrenbänder entfernt und an einer Zugprüfanlage die Reißkraft der Verbindung ermittelt.

Bild 73:
Versuchsaufbau zur Bestimmung der Spaltüberbrückbarkeit

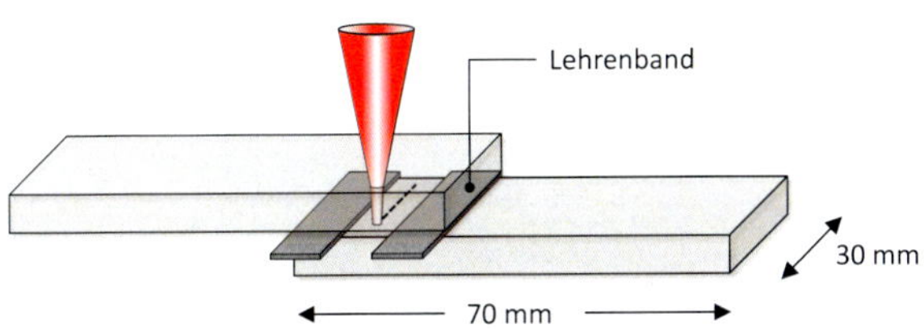

Als erstes werden die Kunststoffproben im Konturverfahren verschweißt. Da das wechselwirkende Kunststoffvolumen in seiner räumlichen Ausprägung unmittelbar mit der Intensitätsverteilung des Laserstrahls zusammenhängt, werden zwei Strahlen mit verschiedenen Öffnungswinkeln getestet. Bild 74 zeigt die Reißkräfte von Kunststoffproben, die mit Laserstrahl 1 gefügt wurden. Bei der spaltfreien Konstellation steigt die Reißkraft der Verbindung in etwa linear an, weil der

Anbindungsquerschnitt mit der Streckenenergie zunimmt. Die Reißkraft der spaltbehafteten Fügeverbindung weist einen etwas anderen Verlauf auf, der wie folgt erklärt werden kann:

Bei niedriger Streckenenergie liegt die Reißkraft zunächst unterhalb der Referenz (Nullspalt), weil der Spalt aufgrund des geringen Schmelzevolumens gerade so geschlossen wird. Wie im Querschnitt (1) zu erkennen, wölben sich die Fügeteile an bestrahlter Stelle einander entgegen und bilden im Kontaktbereich eine schmalere Verbindung als Fügeteile ohne Spalt (Bild 74).

Bild 74:
Reißkräfte spaltfreier/-behafteter Schweißverbindungen, gefügt mit Laserstrahl 1

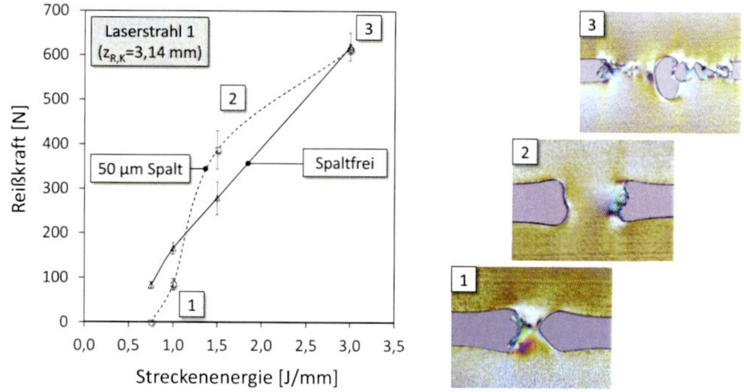

Bei weiterer Zuführung von Energie dehnen sich die Schmelzevolumina beider Fügeteile immer stärker aus. Die Schmelzefronten stoßen aufeinander und entweichen seitlich (2). Bei spaltfreien Fügeteilen findet dieser Quetschfluss, der den Anbindungsquerschnitt vergrößert, nicht statt. Entsprechend steigt die Reißkraft der spaltbehafteten Verbindung über die Reißkraft der spaltfreien Referenz.

Im weiteren Verlauf nehmen der Quetschfluss und damit auch der Anbindungsquerschnitt kontinuierlich zu. Die Reißkraft steigt jedoch nicht mehr in gleichem Maße, weil sich zeitgleich im Material Dampfbläschen zu bilden beginnen, die den tatsächlichen Anbindungsquerschnitt reduzieren (3). Ursache für die Bläschenbildung ist wahrscheinlich die Feuchtigkeit im Kunststoff, die, ähnlich wie beim Spritzgießen von ungetrocknetem Kunststoffgranulat, bei Erreichen einer bestimmten Temperatur zu sieden beginnt.

Nach der Definition von Russek kann also mit Laserstrahl 1 ein Spaltmaß von 50 µm grundsätzlich überbrückt werden. Die sichtbare Bläschenbildung bei höheren Streckenenergien relativiert jedoch das Ergebnis, da sie bei den meisten transparenten Bauteilen nicht akzeptabel wäre. Die Frage nach der Überbrückbarkeit eines bestimmten Spaltmaßes kann bei transparenten Bauteilen also nicht allgemein, sondern nur für den verwendeten Parametersatz, beantwortet werden.

Ein Spaltmaß von 100 µm ließ sich mit Laserstrahl 1 nicht mehr überbrücken. Um das dazu erforderliche Schmelzevolumen zu erzeugen, bedarf es einer großen Streckenenergie, die Fokusbereich des Laserstrahls Verbrennungen verursacht. Eine längere Rayleighlänge erscheint in dem Fall besser geeignet, weil die Temperatur gleichmäßiger über den Querschnitt der Fügeteile verteilt ist (Bild 56) und dadurch an den sich wölbenden Schmelzefronten ein geringerer Wärmestau zu erwarten ist. Zur Überprüfung dieser Vermutung, wird die Spaltüberbrückbarkeit mit dem Laserstrahl 3 getestet. Vorab wird an spaltfreien Fügeteilen ein geeigneter Parametersatz gewählt, mit dem anschließend die Spalthöhe variiert wird (Bild 75).

Bild 75: Reißkraft bei zunehmender Spalthöhe, gefügt mit Laserstrahl 3

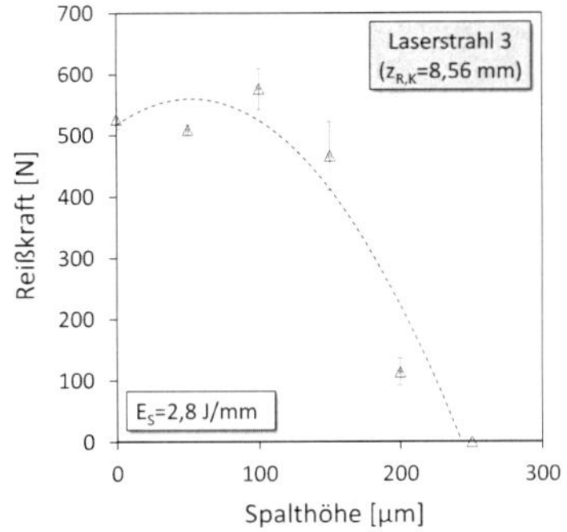

Gegenüber Laserstrahl 1 scheint die Spaltüberbrückbarkeit mit Laserstrahl 3 deutlich größer zu sein. Bis zu einem Spaltmaß von etwa 100 µm ist kein Abfall der Reißkraft zu verzeichnen. Im Gegenteil. Die Reißkraft nimmt sogar leicht zu, was auf den zuvor beschriebenen Quetschfluss zurückzuführen ist. Ein Abfall der Festigkeit auf unter 80 % des ursprünglichen Wertes ist erst bei Spaltmaßen >150 µm zu verzeichnen. Etwa in dem Bereich setzt auch die Blasenbildung ein. Der Grund, warum es mit

Laserstrahl 3 gelingt, größere Spalte zu überbrücken, liegt offensichtlich in der günstigeren Temperaturverteilung. Aus der nahezu gleichmäßigen Temperaturverteilung entlang der Strahlachse resultiert ein viel größeres Schmelzevolumen, das sich zur Fügeebene ausdehnt und in den Spalt gedrückt wird (Bild 76).

Bild 76:
Simulierte Temperaturfelder von Laserstrahl 1 & 3

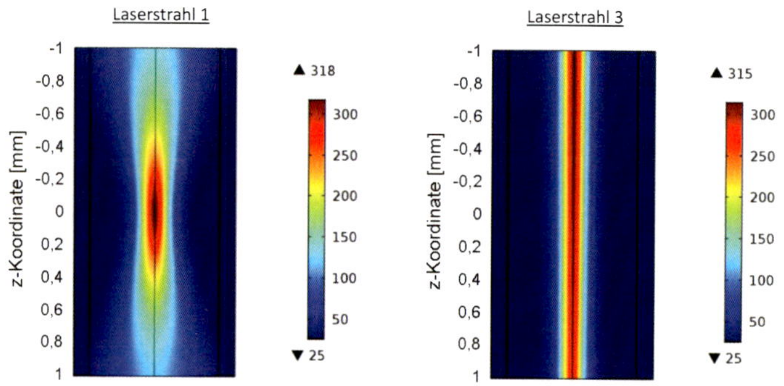

Dem Temperaturfeld entsprechend ist bei Laserstrahl 1 die Wärmeausdehnung um den Fügebereich herum am stärksten. In den Randbereichen bleibt der Kunststoff vergleichsweise kalt und dehnt sich nicht so stark aus. Folglich sind das in den Spalt gedrückte Schmelzevolumen und damit auch die Spaltüberbrückbarkeit kleiner.

Abschließend bleibt die Spaltüberbrückbarkeit bei quasisimultaner Bestrahlung zu betrachten, bei der ebenfalls Laserstrahl 3 zum Einsatz kommt. Die Versuche werden beispielhaft mit zwei verschiedenen Anzahlen an Überfahrten durchgeführt (Bild 77). Während beim Konturschweißen die Reißkraft trotz gleichbleibender Streckenenergie bis zu einer Spalthöhe von 100 µm sogar leicht ansteigt (Bild 75), nimmt sie nun sowohl bei N=10 als auch N=100 ab. Ein Effekt der Streckenenergie, wie beim Konturschweißen (Bild 74), ist im untersuchten Bereich nicht zu erkennen. Das lässt auf einen wenig ausgeprägten Quetschfluss, ergo eine zu niedrige Streckenenergie schließen, die aufgrund der einsetzenden Bläschenbildung nicht weiter erhöht wurde.

Im direkten Vergleich der Ergebnisse für N=10 und N=100 ist zu erkennen, dass das maximal überbrückbare Spaltmaß umso kleiner ist, je mehr Überfahrten angewendet werden. Das hat mit der bereits adressierten Selektivität der Erwärmung zu tun, die mit steigender Anzahl an Überfahrten ebenfalls zunimmt (Bild 63). Dadurch wird ein immer kleineres Kunststoffvolumen plastifiziert, woraus ein geringeres Vermögen zu Spaltüberbrückbarkeit resultiert.

Bild 77: Spaltüberbrückbarkeit beim QS-Schweißen mit unterschiedlichen Überfahrtenanzahlen

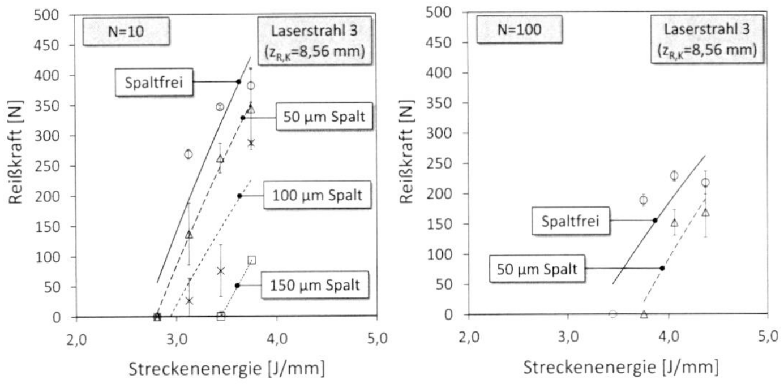

In Abschnitt 5.1 ist an einem Praxisbeispiel gezeigt worden, dass es nicht immer vorteilhaft ist, einen möglichst selektiven Energieeintrag anzustreben. Gleiches lässt sich auch in Bezug auf die Spaltüberbrückbarkeit schlussfolgern. Je selektiver die Erwärmung, desto weniger Schmelzevolumen steht zur Überbrückung eines Spaltes bereit. Aus dem Grund empfiehlt es sich, die Fügezone nur so selektiv wie nötig zu erwärmen. Für indirekt verspannte Fügeteile bedeutet das, dass die WEZ maximal bis knapp unter die Einstrahlfläche reichen darf, damit sich auf dieser kein Wulst bildet (vgl. Abschnitt 4.1). Weniger kritisch ist die Selektivität bei direkter Verspannung, da hier die Wulstbildung durch das lasertransparente Spannelement verhindert wird. In dem Fall lassen sich größere Schmelzevolumina realisieren und folglich auch größere Spalte überbrücken.

Die Ergebnisse des Vergleichs zwischen dem Konturschweißen mit stark fokussierter Strahlung und dem Quasisimultanschweißen lassen sich wie folgt zusammenfassen:

- In Bezug auf den Absorptionskoeffizienten des Kunststoffs kann beim Konturschweißen über einen größeren Bereich ($0{,}1<\alpha<1\,mm^{-1}$) eine selektive

Erwärmung erreicht werden, weil sich hier viel größere Intensitätsgradienten in Strahlrichtung realisieren lassen. Durch die vergleichsweise langen Rayleighlängen beim Quasisimultanschweißen, funktioniert die selektive Erwärmung der Fügezone nur dann, wenn der Absorptionskoeffizient relativ klein ist (α<0,5 mm^{-1}).

- In den durchgeführten Versuchen konnte für die Prozessgeschwindigkeit beim Quasisimultanschweißen keine Grenze ermittelt werden, weil die Laserquelle nicht die benötigte Leistung aufbringen konnte. Mit einem leistungsstärkeren Laser sollten sich höhere Prozessgeschwindigkeiten realisieren lassen, als bei Konturschweißen. Hier besteht das Problem in der Schwingung, in die das System durch die vielen Richtungswechsel beim Abfahren der Schweißkontur gerät. Dadurch folgt der Laserstrahl nicht mehr exakt der vorgegebenen Schweißbahn, was bei den kleinen Fluidikstrukturen eines LoC-Bauteils zu schwerwiegenden Fehlern in der Verschweißung führen kann.

- Bei der Überbrückung von Spalten zwischen den Fügeteilen gilt generell, dass durch ein größeres und stärker erwärmtes Kunststoffvolumen auch ein größerer Spalt überbrückt werden kann, unabhängig von dem angewendeten Bestrahlungsverfahren. Demzufolge ist ein Laserstrahl mit großer Rayleighlänge besser zu Überbrückung von Spalten geeignet als einer mit einer kleinen Rayleighlänge.

Bietet das zu schweißende Bauteil keine Möglichkeit einer direkten Verspannung, so kann eine selektive Erwärmung nur im Konturschweißen mit einem stark fokussierten Strahl erreicht werden. Ist eine direkte Verspannung möglich und eine selektive Erwärmung nicht unbedingt erforderlich, dann sind eher die zum Quasisimultanschweißen verwendeten Scannersysteme im Vorteil. Neben der größeren Spaltüberbrückbarkeit und den Geschwindigkeitsreserven, besteht zumindest bei einigen Scannern die Möglichkeit des sogenannten Wobbelns, die im TWIST-Verfahren genutzt wird (siehe S. 20). Durch die variabel einstellbare Amplitude der Lateralbewegung lässt sich die Nahtbreite entlang der Schweißbahn beliebig verändern. Um im Konturverfahren breitere Schweißnähte zu erreichen, müsste die Schweißbahn mehrfach und jeweils mit einem Versatz abgefahren werden, wodurch sich die Prozesszeit deutlich verlängert.

Auch wenn es in dieser Arbeit um transparente Kunststoffe geht, sei am Rande das Quasisimultanschweißen im Zusammenhang mit teilkristallinen Kunststoffen erwähnt. Hier lässt sich der Effekt der Wärmeleitung ebenso ausnutzen, um einen selektiven Energieeintrag zu erzielen. Auf der linken Seite von Bild 78 ist am Beispiel von PP gezeigt, wie die Erwärmung durch Steigerung der Überfahrten immer weiter auf das Innere des Kunststoffteils fokussiert werden kann. Der Vorschub ist dabei gleichermaßen zu erhöhen, um die akkumulierte Streckenenergie gemäß Gl. 42 konstant zu halten.

Bild 78: Quasisimultan- und Konturschweißen von PP (teilkristallin), die jeweils verwendeten Laserstrahlen sind in den Klammern angegeben

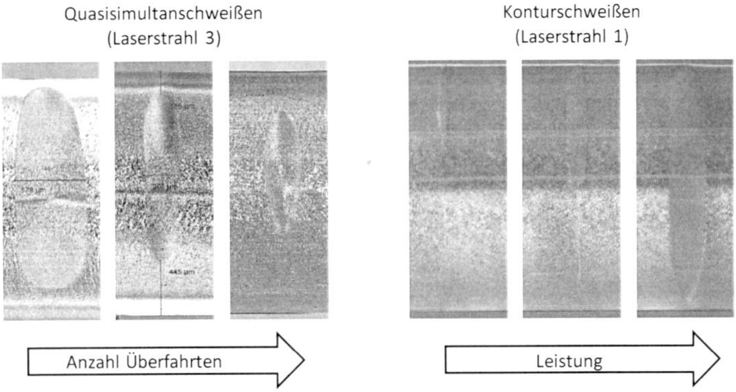

Eine vergleichbar selektive Erwärmung lässt sich im Konturverfahren selbst mit dem stark fokussierten Laserstrahl 1 nicht erreichen, wie auf der rechten Seite von Bild 78 verdeutlicht. Durch das streuende Gefüge des PP, nimmt die Intensität des Laserstrahls unterhalb der Einstrahlfläche nicht wie bei amorphen Kunststoffen zu, sondern ab. Dementsprechend entsteht die WEZ unmittelbar unter der Einstrahlfläche und breitet sich bei zunehmender Leistung von dort nach unten aus. Für PP und ähnlich stark streuende Kunststoffe ist das Quasisimultanschweißen also im Vorteil, wenn es um selektive Erwärmung geht. Offen bleibt, ob sich mit diesem Ansatz auch stärker streuende Kunststoffe wie POM selektiv erwärmen lassen, in denen die Bedingungen für Wärmeakkumulationen ungünstiger sind.

6 Prozessregelung beim absorberfreien Laserdurchstrahlschweißen

Als ein ohnehin sicheres Fügeverfahren bietet das Laserdurchstrahlschweißen zusätzlich einige Möglichkeiten, den Prozess in situ zu überwachen und gegebenenfalls regelnd einzugreifen [111]. In der Praxis am meisten verbreitet ist der Einsatz eines Pyrometers, mit dem die Wärmesignatur der Fügezone entlang der gesamten Schweißbahn gemessen und als Qualitätsmerkmal der Verschweißung genutzt werden kann. In diesem Abschnitt soll auf die Herausforderungen bei der Pyrometrie eingegangen werden, die der Einsatz langerwelliger Strahlung, wie die des Thulium-Faserlasers, mit sich bringt.

6.1 Grundlagen der Pyrometrie

Jeder Körper mit einer Temperatur über dem absoluten Nullpunkt gibt Wärmestrahlung an seine Umgebung ab. Die Intensität und Verteilung dieser Strahlung im elektromagnetischen Spektrum wird für einen schwarzen Körper durch das Planksche Strahlungsgesetz beschrieben, hier formuliert als hemisphärische Größe $M_{\lambda S}(\lambda, T)$.

$$M_{\lambda S}(\lambda, T) = \frac{2\pi h c_0^{\,2}}{\lambda^5} \cdot \frac{1}{e^{\frac{h c_0}{\lambda k_B T}} - 1} \qquad \text{Gl. 48}$$

h: Planksches Wirkungsquantum ($6{,}6262 \cdot 10^{-34}$ Ws²)

c_0: Lichtgeschwindigkeit ($2{,}9979 \cdot 10^{8}$ m/s)

k_B: Boltzmann-Konstante ($1{,}3806 \cdot 10^{-23}$ Ws/K)

Der schwarze Körper ist eine idealisierte Strahlungsquelle, der über das gesamte Spektrum das größtmögliche Emissionsvermögen hat (ε=1). Die Ausstrahlung eines realen Körpers hingegen variiert mit der Wellenlänge und ist zudem abhängig von der Beschaffenheit der Körperoberfläche (0<ε<1). In Bild 79 ist die Verteilung der Wärmestrahlung eines schwarzen Körpers bei verschiedenen Temperaturen dargestellt.

Bild 79:
Spektrale spezifische Ausstrahlung eines schwarzen Körpers

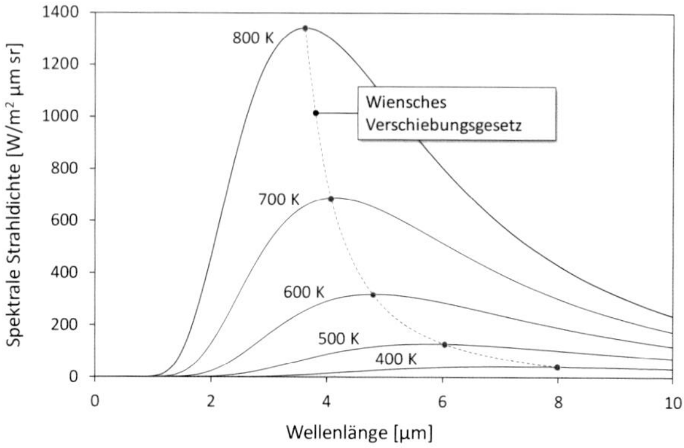

Wie zu erkennen ist, steigt die Intensität der Strahlung mit der Körpertemperatur, während sich das Maximum der spektralen Verteilung zu kürzeren Wellenlängen verschiebt. Die Verschiebung des Maximums beschreibt das Wiensche Verschiebungsgesetz.

$$\lambda_{max} = \frac{2897{,}8\ \mu mK}{T}$$ Gl. 49

Wird die spektrale spezifische Ausstrahlung des schwarzen Körpers (Gl. 42) über alle Wellenlängen integriert, so erhält man seine spezifische Ausstrahlung $M_S(T)$, besser bekannt als das Stefan-Boltzmann-Gesetz. Das Gesetz hat für einen realen Körper, dessen Emissionskoeffizient im integrierten Wellenlängenbereich konstant ist, folgende Form:

$$M_S(T) = \varepsilon \cdot \sigma \cdot T^4$$ Gl. 50

σ: Stefan-Boltzmann-Konstante ($5{,}67 \cdot 10^{-8}\ Wm^{-2}K^{-4}$)

ε: Emissionskoeffizient der Strahlungsquelle

Der so hergestellte Zusammenhang zwischen der Temperatur eines Körpers und der von ihm emittierten Wärmestrahlung bildet die Grundlage der Pyrometrie. Das Pyrometer bzw. der darin integrierte Detektor wandelt die von dem Messobjekt empfangene Wärmestrahlung in eine elektrische Spannung U um, die proportional zur Temperatur des Messobjektes ist.

$$U \sim \varepsilon \cdot T^4 \qquad \text{Gl. 51}$$

Ist der Emissionskoeffizienten des Messobjektes bekannt, kann so auf seine absolute Temperatur geschlossen werden [112].

6.2 Auswahl eines geeigneten Pyrometers

6.2.1 Emittierte Wärmestrahlung

Beim klassischen Laserdurchstrahlschweißen wird die Temperatur nur selten absolut gemessen. Der Emissionskoeffizient des eingesetzten Kunststoffs ist in der Regel nicht bekannt und nur aufwändig zu bestimmen. Anstelle der absoluten Temperatur wird daher häufig das relative Temperatursignal zur Überwachung des Schweißprozesses herangezogen (Bild 80).

Bild 80:
Beispiel eines Toleranzkorridors zur pyrometrischen Prozessüberwachung

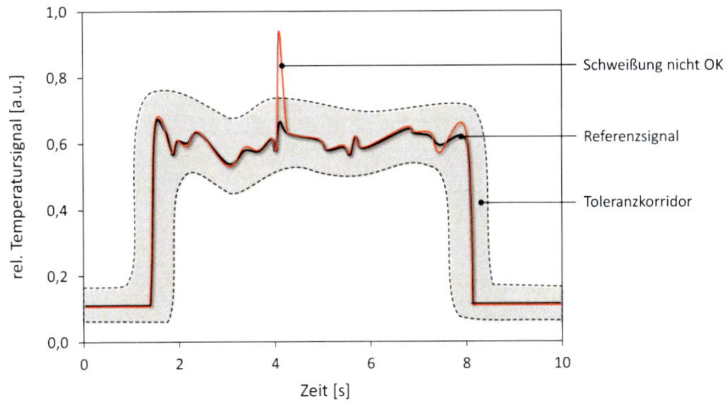

Dieses wird beim Schweißen eines Bauteils aufgezeichnet und als Referenz definiert, sofern das geschweißte Bauteil den Qualitätsanforderungen entspricht. Um diese Referenzkurve wird schließlich ein Toleranzkorridor aufgespannt. Bleibt die Messgröße bei den nachfolgenden Schweißungen in diesem Korridor, wird das Bauteil akzeptiert, andernfalls als Schlechtteil verworfen [111]. Eine mögliche

Ursache für Ausschuss kann beispielsweise durch Schmutz verursachte Verbrennung auf der Bauteiloberfläche sein, die sich im Signalverlauf des Pyrometers deutlich abzeichnet (Bild 80).

Auch wenn eine relative Temperaturmessung für die Prozessüberwachung in der Regel vollkommen ausreicht, so ist die Kenntnis der absoluten Temperatur dennoch nicht unwichtig. Die Detektoren von Pyrometern sind nur in bestimmten Bereichen des Spektrums sensitiv und sollten dementsprechend nach der emittierten Wärmestrahlung, d.h. der Temperatur des Messobjektes, ausgewählt werden.

Sind die Emissionseigenschaften des Kunststoffs unbekannt, so lässt sich seine absolute Temperatur nur taktil, also durch direkten Kontakt mithilfe von Thermoelementen oder Widerstandsthermometern, bestimmen. Ungewiss ist, ob sich dieser Ansatz eignet, um die Temperatur beim Laserdurchstrahlschweißen optisch gleicher Kunststoffteile zu bestimmen. Zum einen sind die zeitlichen Gradienten hier aufgrund der kurzen Wechselwirkung zwischen Laserstrahl und Kunststoffs sehr groß. Zum anderen befindet sich der Messbereich im Strahlungsfeld und ist somit für einen Temperaturfühler nicht ohne direkte Exposition zugänglich. Um die Eignung der taktilen Temperaturmessung zu klären, wird eine Testmessung durchgeführt. Als Messmittel wird ein Drahtthermoelement des Herstellers Omega mit der Bezeichnung 5SC-TT-KI-40-1M verwendet. Thermoelemente haben gegenüber Widerstandsthermometern den Vorteil einer kompakteren Bauweise und geringeren Wärmekapazität, wodurch sie kürzere Ansprechzeiten erreichen [113]. Entscheidend für die Ansprechzeit ist der Durchmesser des Drahtpaares, der im vorliegenden Fall mit 80 µm möglichst klein gewählt wurde (Bild 78). Für die Aufzeichnung der Temperatur wird das Drahtthermoelement über einen Datenlogger von Data Translation (DT9828) mit einem Computer verbunden. Die Messrate des Datenloggers wird auf den Maximalwert von 600 Hz gesetzt, um eine möglichst hohe zeitliche Auflösung zu erhalten.

Bild 81: Eingesetztes Drahtthermoelement

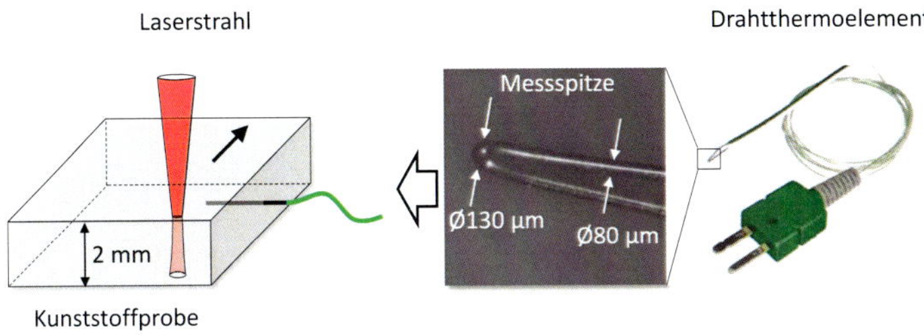

Gemessen wird die Temperatur, indem seitlich in die Kunststoffprobe eine Bohrung mit 1 mm Durchmesser gesetzt und in diese das Drahtthermoelement eingeführt wird (Bild 81). Zur Bestrahlung der Probe wird Laserstrahl 3 verwendet, weil das von ihm erzeugte Temperaturfeld in Strahlrichtung näherungsweise konstant ist. Bei einem stark fokussierten Laserstrahl sind die Temperaturunterschiede in Strahlrichtung deutlich größer und der Messwert dadurch stärker von der Ebene abhängig, in der sich das Drahtthermoelement befindet (Bild 76). Die Vorschubgeschwindigkeit des Laserstrahls ist mit v=3 mm/s relativ klein gewählt, um eine gute Auflösung des Wechselwirkungszeitraums zu erhalten[10]. Bei einer Laserleistung von P=11 W kann folgender Temperaturverlauf ermittelt werden, dessen Maximum etwa 330 °C beträgt (Bild 82). Dieser Wert erscheint zunächst nicht unplausibel, da der Kunststoff entlang der Schweißbahn sichtbar aufgeschmolzen, aber nicht thermisch geschädigt wird (vgl. Tabelle 3). Zweifel an der Richtigkeit des Wertes entstehen, wenn der zeitliche Verlauf der Kurve betrachtet wird. Zwischen dem Beginn des Anstiegs und dem Erreichen des Maximums liegen etwa 0,2 s.

[10] Bei einer Messrate von 600 Hz und einer Vorschubgeschwindigkeit von 3 mm/s legt der Laserstrahl zwischen zwei Messpunkten eine Strecke von 5 µm zurück. Der Zeitraum, in dem Laserstrahl 3 mit der Messspitze wechselwirkt (Gl. 46), wird folglich mit etwa 52 Messpunkten aufgelöst.

Bild 82:
Gemessene
Temperaturverläufe

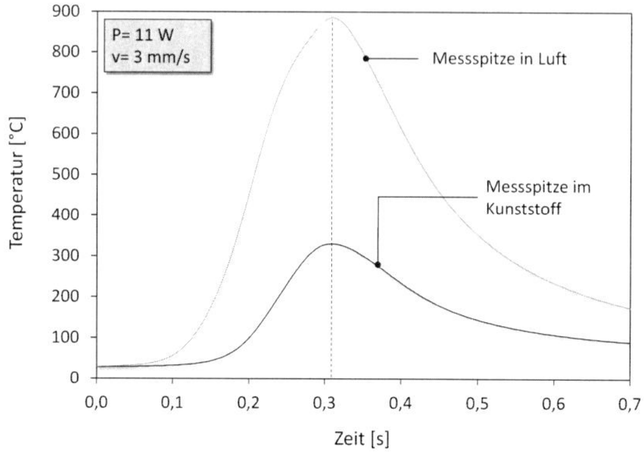

Die Wechselwirkung zwischen dem Laserstrahl 3 und der Messspitze des Drahtthermoelements dauert jedoch nur etwa die Hälfte der Zeit.

$$t_W = \frac{2 \cdot w_0 + D_{Messspitze}}{v} = \frac{0{,}128\ \mathrm{mm} + 0{,}13\ \mathrm{mm}}{3\ \frac{\mathrm{mm}}{\mathrm{s}}} = 0{,}086\ \mathrm{s} \qquad \text{Gl. 52}$$

$D_{Messspitze}$: Durchmesser der Messspitze (Bild 81)

Der anhaltende Temperaturanstieg, nachdem der Laserstrahl die Messspitze bereits passiert hat, kann nur so erklärt werden, dass das Drahtthermoelement zu träge ist, dem tatsächlichen Temperaturverlauf zu folgen. Ebenfalls problematisch scheint die Absorption der Laserstrahlung durch das Drahtthermoelement zu sein, deren Einfluss sich durch Bestrahlung der freiliegenden Messspitze zeigen lässt (Bild 82). Bei gleichem Parametersatz wie zuvor werden ca. 880 °C gemessen, d.h. die vorherige Temperaturmessung ist stark verfälscht durch die Wechselwirkung zwischen Laserstrahl und Messspitze.

Eine Möglichkeit, die tatsächliche Temperatur trotz Trägheit und Absorption des Drahtthermoelements zu ermitteln, könnte sein, die Schweißbahn quasisimultan zu bestrahlen. Je schneller die Bestrahlung erfolgt, desto gleichmäßiger verteilt sich die Temperatur über die Schweißbahn. Dem kontinuierlichen Temperaturanstieg wird das Drahtthermoelement problemlos folgen können. Auf die zunehmend kürzeren Temperaturspitzen infolge der periodischen Wechselwirkung müsste es hingegen aufgrund der Trägheit immer weniger ansprechen. Zwischen den Bestrahlungszyklen sollte sich an der Messspitze so die tatsächliche Temperatur einstellen. In Bild 83 sind die gemessenen Temperaturverläufe bei N=10 und 100 Überfahrten abgebildet. Die Vorschubgeschwindigkeit wurde gemäß Gl. 27 jeweils so angepasst, dass die Streckenenergie konstant, wie bei der Messung zuvor (E_S=3,67 J/mm), bleibt.

Bild 83:
Gemessene Temperaturverläufe bei quasisimultaner Bestrahlung, P= 11W, Messspitze liegt auf der Strahlbahn

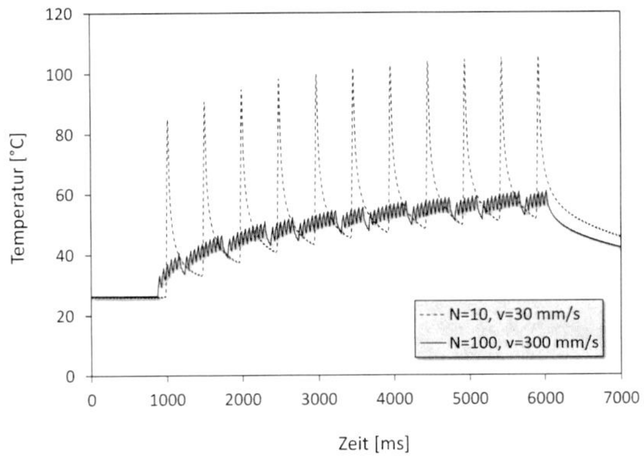

Angesichts der Tatsache, dass in beiden Fällen die Kunststoffprobe entlang der Schweißbahn sichtbar aufgeschmolzen wird, sind die gemessenen Temperaturen nicht plausibel, weil nicht einmal die Erweichungstemperatur des Kunststoffs erreicht wird. Die Wärmeleitfähigkeit des Drahtthermoelements könnte eine Erklärung dafür sein. Sie sorgt dafür, dass die Wärme über den Draht abgeführt und dadurch an der Messspitze nicht die erwartete Temperatur erreicht wird.

Da sich die Temperatur in der Fügezone taktil nicht zweifelsfrei ermittelt lässt, wird das Temperaturfenster beim Schweißen von PC mit Werten aus dem Datenblatt eingegrenzt (Tabelle 3): Einerseits mit der Erweichungstemperatur (148 °C) und andererseits mit der Entflammungstemperatur (520 °C). Nach dem Wienschen Verschiebungsgesetz (Gl. 43) liegen die Maxima der Strahlungsverteilungen bei diesen Temperaturen bei 3,7 und 6,9 µm. Erfolgt die Auswahl einzig auf Basis der Wärmeemission, so sollte der Detektionsbereich des Pyrometers dieses Spektralband abdecken.

6.2.2 Transmittierte Wärmestrahlung

In der Lasermaterialbearbeitung werden Pyrometer auf zwei Arten verwendet: Im Strahlengang des Laserstrahls oder außerhalb. Beim Einsatz außerhalb des Strahlengangs (off-axis) ist das Pyrometer neben der Bearbeitungsoptik angebracht und auf die bestrahlte Stelle ausgerichtet. Im sogenannten „on-axis"-Betrieb, der beim Laserdurchstrahlschweißen üblich ist, wird das Pyrometer durch einen dichroitischen Spiegel in den Strahlengang des Laserstrahls eingekoppelt (Bild 84). Durch die kollineare Ausrichtung der Strahlengänge erfolgt die Messung stets im bestrahlten Bereich, auch bei Verwendung einer Scanneroptik.

Bild 84:
Mögliche Pyrometer-anordnungen, Quelle: Sensotherm [114]

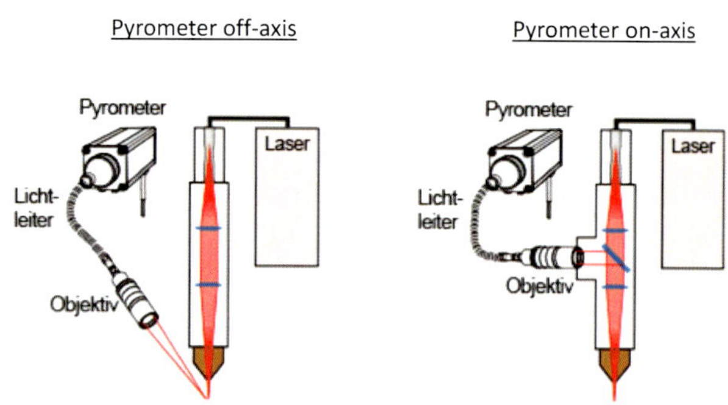

Unabhängig von der Anordnung des Pyrometers gelangt die aus der Fügezone emittierte Wärmestrahlung niemals ungehindert zum Pyrometer. Auf dem Weg dorthin muss die Wärmestrahlung unterschiedliche optische Elemente passieren, deren Absorptions-, Reflexions- und Streueigenschaften zu einem Intensitätsverlust führen. Dieser beginnt bereits im oberen Fügepartner und setzt sich in der darüber liegenden Glasplatte fort, mit der der Fügedruck aufgebracht wird. Als Beispiel mögen an der Stelle die bislang verwendete Glasplatte und der Probekörper aus PC dienen (Bild 56). Durch Multiplikation ihrer jeweiligen Transmissionsspektren wird das Gesamt-Transmissionsspektrum des Verbunds $T_{Glasplatte+PC}$ berechnet (Bild 85).

Zu erkennen ist, dass oberhalb von etwa 3000 nm keine Strahlung mehr durch den Verbund aus Glasplatte und Kunststoffprobe dringt, d.h. ein großer Teil des beim Schweißen emittierten Strahlungsspektrums würde ausgelöscht. In Bild 85 ist dies am Beispiel der spektralen spezifischen Ausstrahlung bei 520 °C dargestellt. Von dem ursprünglich emittierten Strahlungsspektrum $M_{\lambda S}(\lambda, 520\ °C)_{emittiert}$ verlässt nur ein kleiner Teil $M_{\lambda S}(\lambda, 520\ °C)_{transmittiert}$ die Oberfläche der Glasplatte. Durch Linsen und andere in der Bearbeitungsoptik verbaute Elemente wird die Wärmestrahlung weiter abgeschwächt, bis sie schließlich auf die Detektorfläche des Pyrometers trifft.

Bild 85: Transmissionsspektrum der verwendeten Glasplatte + Kunststoffprobe und ihr Einfluss auf das aus der Fügezone emittierte Strahlungsspektrum

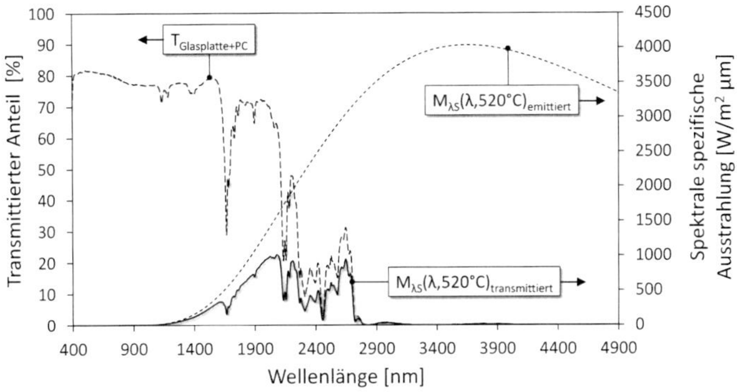

Anhand des Beispiels wird deutlich, dass Pyrometer mit Detektionsbereichen >3 µm für das Laserdurchstrahlschweißen aufgrund der Filterwirkung des Kunststoffs und der zum Anpressen verwendeten Glasplatte nicht geeignet sind. Um die Reststrahlung zu detektieren, sollte das Pyrometer idealerweise im Spektralband 1-3 µm sensitiv sein.

6.3 Messung der Wärmestrahlung

Trotz der starken Dämpfung der emittierten Wärmestrahlung durch den oberen Fügepartner und die darüber liegende Glasplatte ist die Intensität der Reststrahlung ausreichend hoch, um durch entsprechende Pyrometer detektiert zu werden. Beim klassischen Laserdurchstrahlschweißen ist die Reststrahlung nahezu uneingeschränkt der Messung zugänglich, weil die Wellenlänge der eingesetzten Laserstrahlung (800-1100 nm) außerhalb ihres Spektralbereichs liegt (Bild 85). Anders sieht es aus, wenn die Wellenlänge der Laserstrahlung, wie beim absorberfreien Laserschweißen, sich mittendrin befindet. Aufgrund der vielfach höheren Intensität gegenüber der Wärmestrahlung, muss sie im Strahlengang zum Pyrometer herausgefiltert werden. Dabei sollte die Filterung selektiv erfolgen, um die ohnehin schon schwache und schmalbandige Wärmestrahlung möglichst wenig abzuschwächen. Im Normalfall werden für solche Anwendungen sogenannte Notch-Filter verwendet, mit denen schmale Bereiche eines Spektrums herausgefiltert werden können. Zum Zeitpunkt der durchgeführten Arbeiten waren Notch-Filter für die Wellenlänge des Thulium-Faserlasers standardmäßig nicht erhältlich. Stattdessen wurden zur Filterung der Laserstrahlung folgende optische Komponenten in der dargestellten Konfiguration gewählt (Bild 86).

Bild 86:
Aufbau der Bearbeitungsoptik mit integriertem Pyrometer

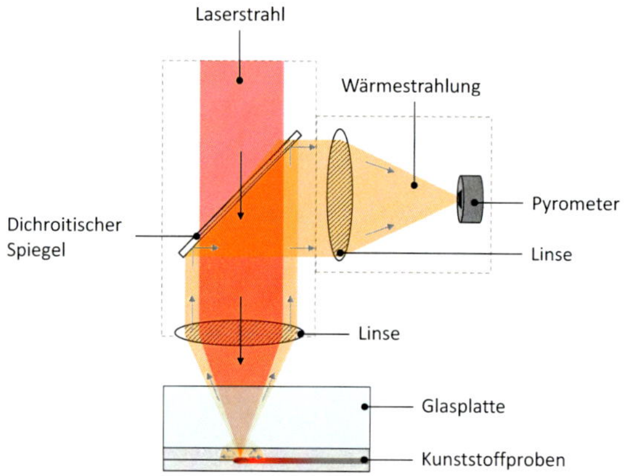

Der eingesetzte dichroitische Spiegel besitzt die in Bild 87 gezeigten Transmissions- und Reflexionseigenschaften. Die Strahlung des Thulium-Faserlasers transmittiert fast vollständig durch den dichroitischen Spiegel und wird durch die Linse in die Fügeebene der darunterliegenden Kunststoffproben fokussiert. Die aus der Fügezone entsendete Wärmestrahlung hingegen wird dem Reflexionsspektrum des dichroitischen Spiegels entsprechend reflektiert und auf das Pyrometer abgelenkt. Die Dämpfung durch den dichroitischen Spiegel und die beiden Linsen im Strahlengang muss ebenso berücksichtigt werden wie die bereits in Bild 85 dargestellte Dämpfung durch das obere Kunststoffteil und die aufliegende Glasplatte. Werden die Transmissions- bzw. Reflexionsspektren aller im Strahlengang liegenden optischen Elemente miteinander multipliziert, kann der gesamte Dämpfungseinfluss auf die Wärmestrahlung ermittelt werden.

Bild 87:
Transmissions- und Reflexionsspektrum des verwendeten dichroitischen Spiegels (DMLP1800R, Thorlabs)

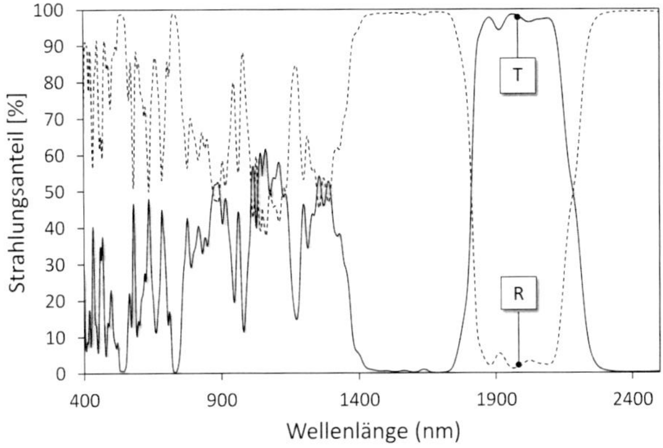

Angewendet auf das vorige Beispiel mit 520 °C Fügezonentemperatur, sieht die Verteilung der am Pyrometer ankommenden Reststrahlung folgendermaßen aus (Bild 88).

Bild 88:
Aus der Fügezone emittierte und am Pyrometer ankommende Wärmestrahlung

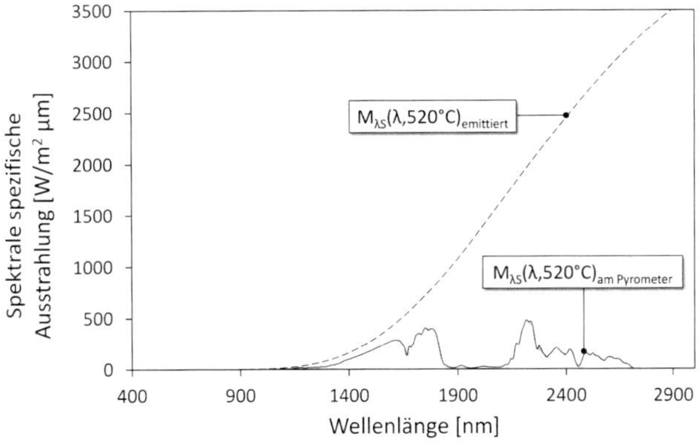

Zu berücksichtigen ist, dass in dem Beispiel die für PC höchstmögliche Temperatur angenommen wurde, die im realen Prozess idealerweise nicht erreicht wird. Ferner wird beim erwärmten Kunststoff von einem Emissionskoeffizient ε=1 ausgegangen, der in Wirklichkeit kleiner ist. Die reale Verteilung der Reststrahlung wird demnach weniger intensiv ausgeprägt sein als die gezeigte.

Für die Messung der Wärmestrahlung wird ein Pyrometer der Firma Amtron mit der Bezeichnung SE252 verwendet, das gemäß Bild 86 in die Bearbeitungsoptik integriert ist. Der Detektionsbereich des Pyrometers liegt zwischen 1,1 und 2,1 µm, seine Tastrate beträgt 1 kHz. Obwohl das Restspektrum in Bild 88 eine vollständige Auslöschung der Laserwellenlänge im Strahlengang des Pyrometers suggeriert, scheint dennoch Laserstrahlung zum Pyrometer zu gelangen. Das zeigt sich durch einen Maximalausschlag der Temperaturkurve, sobald der Laser eingeschaltet wird, unabhängig von der eingestellten Laserleistung. Die Übersteuerung des Pyrometers tritt auch dann auf, wenn die emittierte Laserstrahlung durch eine Strahlfalle unter der Bearbeitungsoptik aufgefangen wird. Rückreflexionen durch die Spannvorrichtung und die darin verspannten Kunststoffproben können auf diese Weise ausgeschlossen werden. Eine Erklärung für das Eindringen der Laserstrahlung in den Strahlengang des Pyrometers ist die geringfügige Reflexion des dichroitischen Spiegels bei der Laserwellenlänge (Bild 87). Dadurch wird ein kleiner Teil der Laserstrahlung seitwärts auf die Innenwand der Bearbeitungsoptik reflektiert. Dort wird die Strahlung erneut reflektiert und kehrt zum dichroitischen Spiegel zurück, durch den sie größtenteils in Richtung des Pyrometers transmittiert. Obwohl dieser Anteil sehr klein ist, muss die hohe Intensität der Laserstrahlung bedacht werden. Der Laserstrahl trifft kollimiert mit einem Durchmesser von etwa 6 mm auf den dichroitischen Spiegel. Seine mittlere Intensität beträgt selbst bei 1 W Leistung bereits 35.000 W/m^2, so dass „Leckstrahlung“ im Subprozentbereich bereits ausreicht, um die Wärmestrahlung zu überstrahlen.

Da es mit Standardkomponenten nicht gelungen ist, die Laserstrahlung aus dem Spektrum der Wärmestrahlung zu filtern, wurde ein alternativer Ansatz erprobt, um die Wärmeemission beim Schweißen zu messen. Dieser besteht darin, den Laser nicht kontinuierlich (CW) sondern gepulst zu betreiben, um die Wärmestrahlung zwischen den Pulsen ohne Überlagerung durch die Laserstrahlung messen zu können. In Bild 89 ist beispielhaft eine Aufzeichnung des Pyrometersignals bei gepulstem Betrieb des Lasers dargestellt, auf der die Maximalausschläge durch Detektion von Laserstrahlung gut erkennen sind. Zwischen den Pulsen bleiben die Messwerte deutlich über dem Grundniveau, so dass hier zweifelsohne Wärmestrahlung gemessen wird.

Bild 89:
Beispiel eines Pyrometersignals bei gepulstem Laserbetrieb

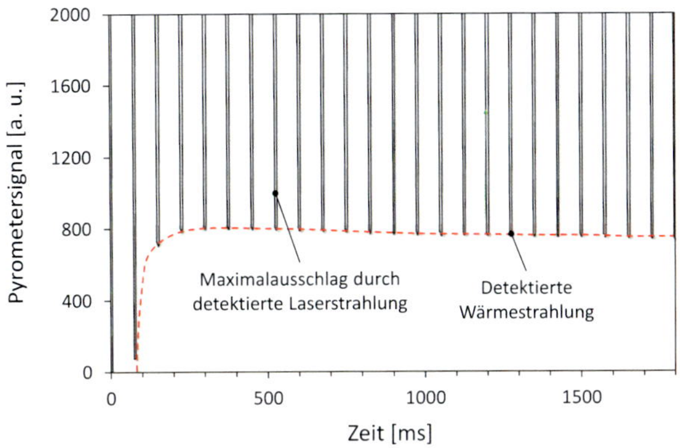

Wird die Messwerterfassung mit den Zeiträumen zwischen den Pulsen synchronisiert, können die übersteuerten Bereiche eliminiert und eine kontinuierliche Messkurve gewonnen werden. Dass dieser Ansatz funktioniert, konnte in dem Projekt POLYNIR (Förderkennzeichen 300119502) erfolgreich mit einem Diodenlasersystem demonstriert werden [115]. Der verwendete Diodenlaser hatte eine Emissionswellenlänge von 1,68 µm und wurde mit einem Diodencontroller (CS400) der Firma Amtron GmbH betrieben, gemeinsam mit dem bislang verwendeten Pyrometer SE252. Auch hier bestand das zuvor geschilderte Problem, dass die Laserstrahlung nicht vollständig aus dem Strahlengang des Pyrometers herausgefiltert werden konnte und mit der Wärmestrahlung interferierte. Durch die synchronisierte Messwerterfassung war es nicht nur möglich, die Wärmestrahlung ohne Überlagerung durch die Laserstrahlung zu messen, die Messung ließ sich auch zur Regelung des Prozesses einsetzen, wie Bild 90 zu sehen ist. Abgebildet ist eine Ecke einer dreieckförmigen Schweißbahn, in der eine zu hohe Energie eingetragen wurde, weil das Achssystem dort eine Richtungsänderung vornimmt und kurzzeitig abbremst. Im Pyrometersignal macht sich das durch einen Anstieg bemerkbar, dem im geregelten Prozess durch eine Leistungsminderung entgegengewirkt wird. So können Verbrennungen vermieden und eine homogenere Ausprägung der Schweißnaht entlang der gesamten Schweißbahn erreicht werden.

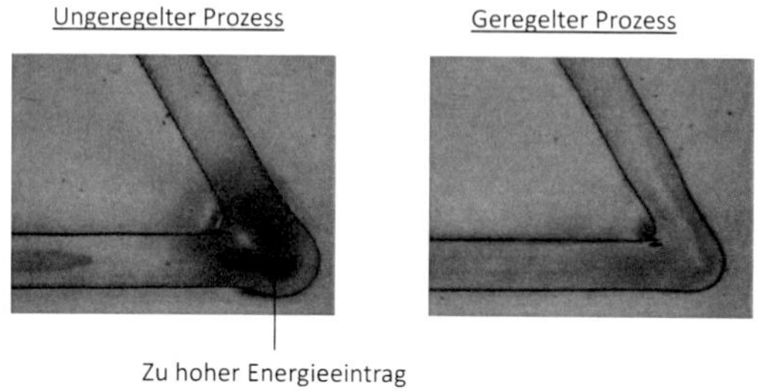

Bild 90:
Mit und ohne Regelung geschweißte Ecke einer Dreieckkontur

Wird der Laser zwecks Pyrometrie gepulst betrieben, so muss bedacht werden, dass sich der räumliche Abstand der Pulse mit der Vorschubgeschwindigkeit des Laserstrahls verändert. Im Idealfall haben die Pulse einen ausreichend hohen Überlappungsgrad Ü

$$\text{Ü} = 1 - \frac{v}{f_P \cdot 2 \cdot w_0} \qquad \text{Gl. 53}$$

f_P: Pulsfrequenz

und die resultierende Schweißnaht unterscheidet sich nicht von einer regulär (im Dauerstrichbetrieb) erzeugten Schweißnaht (Bild 90). Bei steigender Vorschubgeschwindigkeit sinkt der Überlappungsgrad, bis die Pulse schließlich separiert sind und keine geschlossene Schweißnaht mehr bilden. In Bild 91 ist dies anhand von Schweißnähten in der Draufsicht dargestellt. Zur Erzeugung der Schweißnähte wurde das Diodenlasersystem verwendet, das mit 200 Hz gepulst wird und einen Fokusdurchmesser von 450 µm besitzt. Die Streckenenergie wird gemäß Gl. 27 konstant gehalten.

Bild 91:
Schweißnähte bei verschiedenen Vorschüben in der Draufsicht

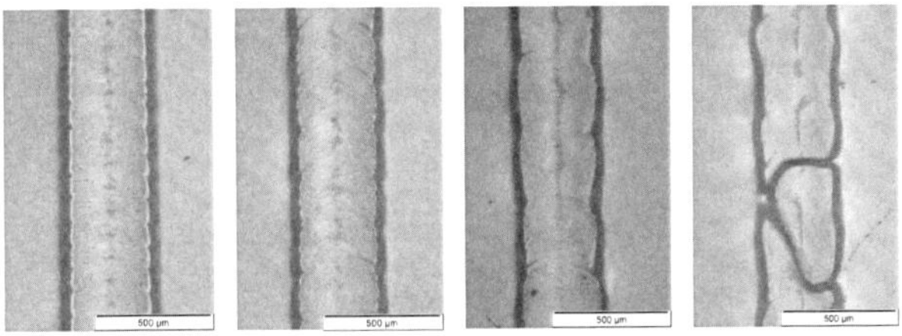

v	50 mm/s	67 mm/s	84 mm/s	100 mm/s
Ü	0,44	0,26	0,07	-0,11

Verglichen mit der Schweißnaht in Bild 90, die einen Überlappungsgrad von Ü=0,89 aufweist, werden die gezeigten Schweißnähte mit dem Vorschub zunehmend inhomogener. Am Schweißnahtrand zeichnet sich die Kreiskontur des Laserstrahls immer deutlicher ab und deutet die abnehmende Überlappung an. Bei Ü=-0,11 sind die Pulse nicht einzeln erkennbar, obwohl sie rechnerisch vollständig separiert sein sollten. Scheinbar erreicht der Kunststoff in den Zwischenräumen den Schmelzpunkt, so dass sich die einzelnen Schmelzbäder vermischen können. Darauf deutet auch die Bewegung der Schmelze hin, die sich während des Schweißprozesses in der Fügezone beobachten lässt. Wie anhand der Phasengrenzen zu erkennen ist, erfolgt die Vermischung nur teilweise und es entstehen Lücken in der Schweißnaht. Der vorgestellte Ansatz ist also grundsätzlich geeignet, um die Pyrometrie in den Schweißprozess einzubinden, muss jedoch in einem Rahmen betrieben werden, in dem eine ausreichende Überlappung der Pulse sichergestellt ist, um eine dichte Verschweißung zu erzielen.

7 Zusammenfassung und Ausblick

Im Verlauf seiner Geschichte hat der Laserdurchstrahlschweißprozess seine Grenzen durch innovative Lösungen stets verschieben und so neue Anwendungsfelder erschließen können. Eine der wesentlichen Einschränkungen des Prozesses, die bis zuletzt Bestand hatte, ist das Schweißen optisch klarer Kunststoffteile. Gefragt sind solche Fügeverbindungen z.B. bei LoC-Schnelltests, die für diverse Analyseanwendungen eingesetzt werden und seit einigen Jahren ein enormes Marktwachstum verzeichnen. Dabei handelt es sich um transparente Bauteile, typischerweise im Format einer Kreditkarte oder einer CD, mit innenliegenden Fluidikstrukturen. Einfach und wirtschaftlich herstellen lassen sich solche Bauteile aus amorphen Kunststoffen, die über die nötigen Materialeigenschaften sowie massentaugliche Fertigungsverfahren wie das Spritzgießen verfügen. In der Regel werden die Fluidikstrukturen auf der Oberfläche eines Bauteils abgeformt und anschließend durch ein zweites Bauteil geschlossen. Für das Fügen beider Kunststoffteile besitzt das Laserdurchstrahlschweißen gute Voraussetzungen, weil die Energie definiert und ohne Partikelemission eingetragen wird. Eine Barriere für den Einsatz des Verfahrens sind bislang häufig die Absorber, die dem Kunststoff beigefügt werden müssen, um ihn zur Absorption der Laserstrahlung zu befähigen. Diese beeinträchtigen die Transparenz des Kunststoffs, die bei LoC-Schnelltests aufgrund der häufig eingesetzten optischen Analysemethoden eine zentrale Anforderung an das Bauteil darstellt. Bei medizinischen Anwendungen gilt es zudem oft auch die Biokompatibilität des Kunststoffteils sicherzustellen, die durch Zusatzstoffe wie Absorber potentiell gefährdet ist und in aufwändigen Verfahren nachgewiesen werden muss.

Im Rahmen dieser Arbeit wurde eine neue Variante des Laserdurchstrahlschweißens untersucht, mit der es möglich ist, Kunststoffe gänzlich ohne Absorber zu schweißen. Der Ansatz besteht darin, einen Laser auszuwählen, dessen Strahlung der zu schweißende Kunststoff von sich aus absorbiert. Da die Fügeteile in dem Fall gleiche optische Eigenschaften haben, erfolgt der Energieeintrag nicht mehr ausschließlich im Kontaktbereich, sondern im Volumen beider Teile. Unter diesen Bedingungen lässt sich der Kunststoff z.B. dann selektiv im Volumen aufschmelzen, wenn die Laserstrahlung stark fokussiert wird. Um den Einfluss verschiedener Parameter auf das Temperaturfeld im Kunststoff analysieren zu können, wurde ein

Simulationsmodell aufgestellt und in dem FEM-Softwaretool COMSOL Multiphysics® implementiert. Damit konnten neben der Rayleighlänge des Strahls und dem Absorptionskoeffizienten des Kunststoffs als Haupteinflussgrößen, auch die Beugungsmaßzahl und die Vorschubgeschwindigkeit als einflussreiche Parameter auf den Energieeintrag ermittelt werden. Aus dem Einfluss der Vorschubgeschwindigkeit wurde der Ansatz der quasisimultanen Bestrahlung abgeleitet, mit dem es auch ohne starke Fokussierung möglich ist, den Kunststoff selektiv zu erwärmen. Hierbei wird die niedrige Wärmeleitfähigkeit von Kunststoffen ausgenutzt, um die zyklisch eingetragene Energie im Volumen der Fügeteile zu akkumulieren, während sie in den Randbereichen durch den Kontakt zu den besser leitenden Elementen der Spannvorrichtung verstärkt abgeführt wird. Auf diese Weise ließ sich auch in einem streuenden Kunststoff eine selektive Erwärmung realisieren. Mit einem stark fokussierten Strahl hingegen gelingt das nicht, da dessen Energie mit Eintritt in den streuenden Kunststoff nicht weiter fokussiert wird.

Auch wenn die ersten Hersteller bereits Anlagentechnik für das absorberfreie Laserdurchstrahlschweißen kommerziell anbieten, besteht in einigen Bereichen noch Entwicklungsbedarf, um die Etablierung des Verfahrens weiter voranzutreiben. Dazu gehört beispielsweise das Einstellen der Fokuslage, um den Fügebereich selektiv zu erwärmen. Bisher erfolgt das experimentell, indem die Fokuslage stufenweise verschoben und die korrekte Lage anhand von Dünnschnitten unter dem Mikroskop ermittelt wird. Aus Anwendersicht sollte dieser Schritt vereinfacht, im Idealfall automatisiert werden, wozu es geeignete Methoden zu ermitteln gilt. Ein weiterer Bereich mit Entwicklungsbedarf ist die Prozesskontrolle. Das Messen der Wärmestrahlung aus der Fügezone mithilfe eines Pyrometers ist beim Laserdurchstrahlschweißen die gängigste Methode der Qualitätssicherung. Während beim klassischen Durchstrahlschweißen die Wellenlänge des Laserstrahls außerhalb des emittierten Wärmespektrums liegt, ragt sie beim Schweißen ohne Absorber weit hinein und überlagert die vom Pyrometer empfangene Wärmestrahlung. Mangels geeigneter optischer Filter wurde ein Ansatz erfolgreich getestet, bei dem der Laser gepulst betrieben wurde, um die Wärmestrahlung zwischen den Pulsen störungsfrei zu messen. Anhand eines Demonstrator-Systems, bei dem die Messzeiten mit den Pulspausen synchronisiert wurden, konnte sogar ein geregelter Schweißprozess am Beispiel einer typischen Problemstelle einer Schweißkontur gezeigt werden. Eine Einschränkung stellt der Pulsbetrieb des Lasers insofern da, als das die Pulsüberlappung mit der Vorschubgeschwindigkeit des Laserstrahls abnimmt und ab einem gewissen Punkt Lücken in der Schweißnaht entstehen. Dieses Problem wird in naher Zukunft sicherlich durch neue Notch-Filter gelöst werden, die auf die Wellenlänge des Thulium- oder anderer geeigneter Laser abgestimmt sind und so das Messen von Wärmestrahlung im Dauerstrichbetrieb erlauben. Die Transparenz der Fügeteile bietet grundsätzlich die Möglichkeit neben der Wärmestrahlung auch visuelle Informationen mithilfe einer Kamera aufzunehmen und diese zur Prozesskontrolle einzusetzen. Hier gilt es zu ermitteln, inwieweit sich diese Informationen zur Prozessregelung aber auch zur Bewertung der Schweißnahtqualität einsetzen lassen. Insbesondere Letztere würde dem absorberfreien Laserdurchstrahlschweißen einen enormen Vorteil verschaffen und es von den Konkurrenzverfahren abheben.

Mit der Möglichkeit transparente Kunststoffe ohne zusätzliche Absorber schweißen zu können, erreicht das Laserdurchstrahlschweißen einen weiteren Meilenstein in seiner Entwicklung. Trotz gleicher optischer Eigenschaften gelingt es durch entsprechende Strahlformung oder- führung den Energiefluss so zu steuern, dass der Fügebereich zweier Kunststoffteile selektiv geschmolzen wird. Die Selektivität des klassischen Durchstrahlschweißens wird jedoch nicht erreicht, weil die WEZ aufgrund der Volumenabsorption vorwiegend entlang der Strahlachse ausgeprägt ist. Das Potential, einen im eigentlichen Sinne selektiven Energieeintrag in zwei optisch identischen Kunststoffteilen zu erreichen, besitzt nur der Ansatz der Mehrphotonenabsorption. Hier erfolgt die Absorption nicht im gesamten Bauteilvolumen, sondern nur im Fokusbereich, wo die Photonendichte und damit die Wahrscheinlichkeit sehr hoch sind, dass mehrere Photonen zeitgleich auf die Kunststoffmoleküle auftreffen und von diesen absorbiert werden. Außerhalb des Fokusbereichs nimmt die Häufigkeit der Absorptionsvorgänge stark ab, so dass dort keine nennenswerte Erwärmung erfolgt. Erste Publikationen deuten darauf hin, dass sich einige Forschungseinrichtungen mit diesem Thema bereits beschäftigen. Sinkende Preise und die Markteiführung neuer gepulster Lasersysteme dürften zukünftig zu einer Intensivierung der Forschungsarbeiten auf dem Gebiet führen, die, sofern eine zersetzungsfreie Erwärmung des Kunststoffs gelingt, früher oder später auch das Interesse der Industrie wecken werden.

8 Literaturverzeichnis

[1] Michaeli, W.: Einführung in die Kunststoffverarbeitung, Carl Hanser Verlag, München, 2006, S. 1

[2] Rotheiser J.: Joining of plastics-Handbook for designers and engineers, Carl Hanser Verlag, München, 2009, S. xxviii-xxxii

[3] Potente, H.: Fügen von Kunststoffen-Grundlagen, Verfahren, Anwendung, Carl Hanser Verlag, München, 2004, S. 1

[4] Bonnet, M.: Kunststoffe in der Ingenieuranwendung verstehen und zuverlässig auswählen, GWV Fachverlage GmbH, Wiesbaden, 2004, S. 211

[5] Muncheryan, H. M.: Laser welding machine, U.S. Patent 3382343, 1968

[6] Bachmann, F., Loosen, P., Poprawe, R.: High power diode lasers-Technology and applications, Springer Science+Business Media, New York, 2007, S. 1

[7] Steen, W. M., Mazumder J.: Laser Material Processing, Springer-Verlag London Limited, 2010, S. 1-2

[8] Grath, G. M., Cawley, B.: Marktanalyse für das Laserschweißen von Kunststoffen, Joining Plastics, Ausgabe 2 (2007), S. 175-179

[9] Brunnecker, F.: Flexibilität und Wirtschaftlichkeit, Kunststoffe, Ausgabe 6 (2014), S. 40-44

[10] N.N.: Status of the Microfluidics Industry, Yole Développement, 2019, URL: http://www.yole.fr/MicrofluidicsIndustry_2019update.aspx#.XwXRTSgzaM8, aufgerufen am 08.07.2020

[11] Tufel, G.: Emerging Technologies Promise Revolutionary Diagnostic Tools, Clinical Lab Products (clp), April (2015), Volume 45, Issue 4, S. 16-20

[12] Birch, H.: 50 Schlüsselideen Chemie, Springer Verlag Berlin Heidelberg, 2016, S. 104

[13] Whitesides, G. M.: The origins and the future of microfluidics, Nature Journal 442 (2006), S. 368-373

[14] Casquillas, G. V.: Introduction to Lab-on-a-Chip 2015: Review, History and Future, URL: http://www.elveflow.com/microfluidic-tutorials/microfluidic-reviews-and-tutorials/introduction-to-lab-on-a-chip-2015-review-history-and-future/, aufgerufen am 05.05.2016

[15] Becker, H., Locascio, L. E.: Polymer microfluidic devices, Talanta, Volume 56, Issue 2 (2002), S. 267-287

[16] Klein, H. M.: Laserschweißen von Kunststoffen in der Mikrotechnik, Dissertation, RWTH Aachen, 2001, S. 1

[17] Attia, U. M., Marson, S., Alcock, J. R.: Micro-Injection Moulding of Polymer Microfluidic Devices, Microfluidics and Nanofluidics, Volume 7, Number 1, July (2009), S. 1-28

[18] Neuy, C., Zucker, J.: Kompetenz im Kleinen, Kunststoffe, Ausgabe 6 (2007), S. 30-33

[19] Berthier, E., Young, E. W. K., Beebe, D.: Engineers are from PDMS-land, Biologists are from Polystyrenia, Lab on a Chip, Issue 7 (2012), S. 1224-1237

[20] Tahhan, I.: Ein Beitrag zum wirtschaftlichen Fügen von mikrofluidischen Baugruppen, Dissertation, Albert-Ludwigs-Universität Freiburg im Breisgau, 2009, S. 3-25

[21] Temiz, Y., Lovchick, R. D., Kaigala, G. V., Delamarche, E.: Lab-on-a-chip devices: How to close and plug the lab?, Microeletronic Engineering, Vol. 132, 2015, S.156-175

[22] Truckenmüller, R., Ahrens, R., Cheng, Y., Fischer, G., Saile, V.: An ultrasonic welding based process for building up a new class of iner fluidic microsensors and –actuators from polymers, Sensors and Actuators A, Vol. 132, 2006, S. 385-392

[23] Kettner, P., Pelzer, R. I., Glinsner, T., Farrens, S: New results in plasma activated bonding of imprinted polymer features for bio MEMS applications, Journal of Physics: Conference Series 34, 2006, S. 65-71

[24] Korte, J.: Laserschweißen von Thermoplasten, Dissertation, RWTH Aachen, S. 27, 1998

[25] N.N.: Kunststoffe in der Medizintechnik: Adsorbergehäuse aus Polycarbonat, innovations-report, URL: http://www.innovations-report.de/html/berichte/materialwissenschaften/bericht-71445.html, aufgerufen am 04.04.2017

[26] Beiß, T.: Mündliche Mitteilung auf der K-Messe 2016 durch Herrn Beiß von der Firma Bielomatik, 25.10.2016

[27] Hänsch, D.: Die optischen Eigenschaften der Polymere und ihre Bedeutung für das Durchstrahlschweißen mit Diodenlaser, Dissertation, RWTH Aachen, 2001, S. 13-14

[28] N.N.: Schweißmaschinen für das Laser-Durchstrahlschweißen, URL: http://www.bielomatik.de/de/start/laserschweissen/10?pms=10, aufgerufen am 16.10.2016

[29] Haberstroh, E., Hoffmann, W.-M.: Laser transmission welding of transparent plastics in micro technology, Proceedings of the 3rd International Conference on Multi-Material Manufacture, 2007, S. 90-102

[30] Ebenhoeg, M.: Treffert GmbH & Co. KG, Mündliche Mitteilung, 08.09.2016

[31] Meixner, M.: NIR-Absorber der neuen Generation, Kunststoffe, Ausgabe 8 (2008), S. 119-121

[32] Boehm, A. J.: Laser transmission welding of plastics in medical device manufacturing-How to choose the right laser additive, Proceedings of the 2nd International Conference on Joining Plastics, London, 2006

[33] N.N.: Laserdurchstrahlschweißen thermoplastischer Kunststoffe, DVS-Richtlinie 2243, DVS Media, Düsseldorf, 2014, S.4

[34] Faißt, B.: Ästhetische Schweißnähte-Spezielle Diodenlasersysteme auf das Laserdurchstrahlschweißen abstimmen, Kunststoffe, Ausgabe 6 (2015), S. 30-32

[35] Devrient, M., Amend, P., Zimmermann, M.: Universalwerkzeug mit höchster Präzision, Kunststoffe, Ausgabe 5 (2012), S. 32-41

[36] Wissemborski, R., Klein, R.: Schaum überbrückt Fügespalt-Laserstrahlschweißen von Kunststoffen mit LIS, Laser Technik Journal, Vol. 10, Issue 2 (2013), S. 24-27

[37] Vatterodt, T., Hänsch, D.: Durchdringende Technik, Kunststoffe fügen – Qualität per Laser, Plastverarbeiter, 56 Jahrg., Nr.5 (2005), S. 32-33

[38] Roesner, A., Boglea, A., Olowinsky, A.: Laserdurchstrahlschweißen von Thermoplasten, Laser Technik Journal, Vol. 5, Issue 4 (2008), S. 28-32

[39] N.N.: Contoured Laser Technology-Simultaneous, precise plastics joining for parts demanding particulate-free and aesthetically clean weld joins, Branson Informationsbroschüre, Branson Ultrasonics Corporation, 2013

[40] Fiegler, G.: Ein Beitrag zum Prozessverständnis des Laserdurchstrahlschweißens von Kunststoffen anhand der Verfahrensvarianten Quasi-Simultan- und Simultanschweißen, Dissertation, Universität Paderborn, 2007, S. 59

[41] Vogler, D.: Beam shaping for enhanced laser plastic welding, Industrial Laser Solutions, May/June Issue (2014), S. 31-32

[42] Grewell, D. A.: Modeling of molecular healing for micro-laser welding of plastics with diffractive optical elements as spatial modulators, Dissertation, Ohio State University, 2005

[43] Mönch, H., Derra, G.: High power VCSEL systems-A tool for digital thermal processing, Laser Technik Journal, Vol. 11, Issue 2 (2014), S. 43-47

[44] N.N.: http://www.bielomatik.com/de/kunststoffschweiss-systeme.html, aufgerufen am 02.01.2017

[45] Eltze, A.: Leistung in Produktivität umsetzen, Kunststoffe, Ausgabe 2 (2004), S. 26-29

[46] Renner, T., Sieffert, M.: Lasergerechte Konstruktion beim Kunststoffschweißen, Kunststoffe, Ausgabe 2 (2004), S. 30-36

[47] N.N.: Schnelle 3-Achsen-Laserstrahlablenkeinheiten für die Massenfertigung, Laser Magazin, Ausgabe 4 (Dezember 2011), S.12-13

[48] N.N.: https://www.lpkf.com/en/industries-technologies/laser-plastic-welding/technology-welding-procedures, aufgerufen am, 19.08.2019

[49] Boglea, A.: Laser transmission welding of thermoplastics using local laser beam modulation, Dissertation, RWTH Aachen, 2013

[50] Boglea, A., Poggel, M., Olowinksy, A.: Neue Strahlquellen erweitern Anwendungsbereich, Kunststoffe, Ausgabe 12 (2007), S. 133-137

[51] Boglea, A., Olowinsky, A., Gillner, A.: Extending the limits of laser polymer welding using advanced irradiation strategies, Journal of Laser Micro/Nanoengineering, Vol. 5, No. 2 (2010), S. 138-144

[52] Thielen, C.: Maskenschweißen von Thermoplasten mittels Laserstrahlung, Laser Technik Journal, Vol. 5, Issue 4 (2008), S. 37-39

[53] Hofmann, M., Hinz, O.: Für feinste Schweißnähte, Kunststoffe, Ausgabe 1 (2006), S. 95-97

[54] Poggel, M., Hinz, O.: Rotationsschweißen in einem Puls, Kunststoffe, Ausgabe 7 (2008), S. 80-82

[55] Brunneker, F.: Radialschweißen rotationssymmetrischer Körper mit dem Laser, JOINING PLASTICS-FÜGEN VON KUNSTSTOFFEN, Ausgabe 3-4 (2012), S. 172-174

[56] Chen, J.-W., Thielen, C.: Globo-Welding, Laser Technik Journal, Vol. 1, Issue 2 (2007), S. 35-38

[57] Hinz, O.: Fügedruck inbegriffen - Globo-Welding, JOINING PLASTICS-FÜGEN VON KUNSTSTOFFEN, Ausgabe 1 (2007), S. 22-23

[58] Högel, R.: Robotergeführtes Halogen- und Laserlicht, Kunststoffe, Ausgabe 1 (2011), S. 24-26

[59] Brunnecker, F., Stier, T.: Wie aus einem Guss, Kunststoffe, Ausgabe 7 (2008), S. 76-78

[60] Russek, U. A.: Prozesstechnische Aspekte des Laserdurchstrahlschweißens von Thermoplasten, Dissertation, RWTH Aachen, 2006 , S. 47, 60

[61] Krause, F., Haberstroh, E., Lützeler, R.: Mehr Freiheiten bei der Farbwahl, Kunststoffe, Ausgabe 10 (2003), S. 196-199

[62] Hoffmann, W.-M.: Laserdurchstrahlschweißen unpigmentierter Kunststoffe, Dissertation, RWTH Aachen, 2008, S. 42-46

[63] Akanksha, S., Pfleging, W., Beiser, M., Malek, C.-K.: Transparent thin thermoplastic biochip by injection-moulding and laser transmission welding, Microsystem Technologies, Vol. 19, Issue 3 (2013), S. 445-453

[64] Polster, S.: Laserdurchstrahlschweißen transparenter Polymerbauteile, Dissertation, Friedrich-Alexander-Universität Erlangen-Nürnberg, 2009, S. 114-115, 133-134

[65] Brunnecker, F., Bühring, R.: Unsichtbar verschweißt, MedPLAST, Ausgabe Mai (2009), S. 28-29

[66] Klein, R., Klein, K. F., Tobisch, T., Thoelken, D., Belz, M.: Manufacture of Microfluidic Devices by Laser Welding using Thermal Transfer Printing Techniques, Proceedings of SPIE Vol. 9702, 2016

[67] Nielsen, S. E.: Laser material processing of polymers, Polymer Testing, Volume 3, Issue 4 (1983), S. 303-310

[68] Duley, W. W., Mueller, R. E.: CO2 Laser Welding of Polymers, Polymer Engineering and Science, Volume 32, No. 9 (1992), S. 582-585

[69] Kurosaki, Y., Matayoshi, T., Sato, K.: A novel CO2 laser welding of plastics using a transparent heat sink without causing thermal damage, Proceedings of the 25th International Congress on Applications of Lasers & Electro-Optics (ICALEO), 2006, S. 369-375

[70] Devrient, M., Frick, T., Schmidt, M.: Laser transmission welding of optical transparent thermoplastics, Proceedings of the 7th International WLT-Conference on Lasers in Manufacturing, 2011, S. 157-165

[71] N. N.: Datenblatt Thulium Single-mode CW Lasers, URL: http://www.ipgphotonics.com, aufgerufen am 16.06.2017

[72] Scholle, K., Lamrini, S., Koopmann P., Fuhrberg, P.: 2 µm Laser Sources and Their Possible Applications, Frontiers in Guided Wave Optics and Optoelectronics, InTech, URL: http://www.intechopen.com/books/frontiers-in-guided-wave-optics-andoptoelectronics/2-m-laser-sources-and-their-possible-applications, aufgerufen am 08.06.2017

[73] Ebert, T.: Den Durchblick behalten-Transparente Kunststoffe mit Laser Fügen, Kunststoffe, Ausgabe 12 (1999), S. 58-60

[74] Neukum, J.: Neue Halbleiterlaser-Wellenlängen für das Kunststoffschweißen, Laser Technik Journal, September Ausgabe, 2008, S. 33-36

[75] Mingareev, I., Weirauch, F., Olowinsky, A., Shah, L., Kadwani, P., Richardson, M.: Welding of polymers using a 2 µm thulium fiber laser, Optics & Laser Technology, Vol. 44, 2012, S. 2095-2099

[76] Roesner, A., Abels, P., Olowinsky, A., Matsuo, N., Hino, A.: Absorber-free laser beam welding of transparent thermoplastics, Proceedings of the 27th International Congress on Applications of Lasers & Electro-Optics (ICALEO), 2008

[77] Klein, R.: Laserstrahlschweißen von Kunststoffen, Joining Plastics, Ausgabe 1, 2012, S. 30-37

[78] Boglea, A., Roesner, A., Olowisnky, A.: New perspectives fort he absorber free laser welding of thermoplastics, Proceedings of the 29th International Congress on Applications of Lasers & Electro-Optics (ICALEO), 2010

[79] Legewie, F., Fecht, N.. Simultan in einem Schuss, Kunststoffe, Ausgabe 6, 2015, S. 34-37

[80] Kurosaki, Y., Satoh, K.: A fiber laser welding of plastics assisted by transparent solid heat sink to prevent the surface from thermal damages, Physics Procedia, Volume 5, 2010, S. 173-181

[81] Ruotsalainen, S., Laakso, P., Kujanpää, V.: Laser welding of transparent polymers by using quasi-simultaneous beam off-setting scanning technique, Physics Procedia, Volume 78, 2015, S. 272-284

[82] Roth, G.-L., Rung, S., Hellmann, R.: Ultrashort pulse laser micro-welding of cyclo-olefin copolymers, Optics and Lasers in Engineering, Vol. 93, 2017, S. 178-181

[83] Roth, G.-L., Rung, S., Hellmann, R.: Welding of transparent polymers using femtosecond laser, Applied Optics, Vol. 122, Article 86, 2016

[84] Volpe, A., Di Niso, F., Gaudiuso, C., De Rosa, A., Martínez Vázquez, R., Ancona, A., Lugarà, P.-M., Osellame, R.: Welding of PMMA by a femtosecond fiber laser, Optics Express, Vol. 23, Issue 4, 2015, S. 4114-4124

[85] Zimmermann, F., Richter, S., Döring, S., Tünnermann, A., Nolte, S.: Ultrastable bonding of glass with femtosecond laser bursts, Applied Optics, Vol. 52, Issue 6, 2013, S.1149-1154

[86] Xu, X. F., Bates, P. J., Zak, G.: Effect of glass fiber and crystallinity on light transmission during laser transmission welding of thermoplastics, Optics & Laser technology 69 (2015), S. 133-139

[87] Nemoto, S.: Waist shift of a Gaussian beam by plane dielectric interfaces, Applied Optics, Vol. 27, Issue 9, 1988, S. 1833-1839

[88] Schnabel, W.: Polymers and Electromagnetic Radiation: Fundamentals and Practical Applications, Wiley-VCH Verlag, Weinheim, 2014, S. 7-8

[89] Hesse, M., Meier, H., Zeeh, B.: Spektroskopische Methoden in der organischen Chemie, Georg Thieme Verlag, Stuttgart, 2005, S. 31-34

[90] Haken, H., Wolf, H. C.: Molekülphysik und Quantenchemie, Einführung in die experimentellen und theoretischen Grundlagen, Springer-Verlag Berlin Heidelberg, 1994, S. 239-243

[91] Lehmann, T.: IR-Spektroskopie, Vorlesungsskript, Freie Universität Berlin, 2010, S. 1-5

[92] Andrassy B.: Auswerteverfahren für die intelligente Identifikation organischer Stoffe, Dissertation, RWTH Aachen, 2001, S. 12-15

[93] Poprawe, R.: Lasertechnik II-Anwendungen der Lasertechnik, Vorlesungsskript des Lehrstuhls für Lasertechnik, RWTH Aachen, 2003

[94] Kotsev, T.: Schmelzbadsimulation beim Laserstrahlschweißen unterschiedlicher Materialien, Dissertation Otto-von-Guericke-Universität Magdeburg, 2010, S. 23, 43

[95] Flock, D.: Wärmeleitungsfügen hybrider Kunststoff-Metall-Verbindungen, Dissertation RWTH Aachen, 2011, S. 66-82

[96] N.N.: Informationsbroschüre PerkinElmer, 2017

[97] Hügel, H., Graf, T.: Laser in der Fertigung, GWV Fachverlage GmbH, Wiesbaden, 2009, S. 121-126

[98] van Krevelen, D. W.: Properties of Polymers, Elsevier Science B. V., Amsterdam, 1990

[99] Aden, M., Roesner, A., Olowinsky, A.: Optical characterization of polycarbonate: Influence of additives on optical properties, Journal of Polymer Science: Part B, Volume 48, Issue 4 (2010), S.451-455

[100] Menges, G., Haberstroh, E., Michaeli, W.: Werkstoffkunde Kunststoffe, 5. Auflage, Carl Hanser Verlag, München, 2002, S. 249

[101] Horn, K., Pophusen, D., Schnieders, F.: Polycarbonat, Kunststoffe, Ausgabe 10 (2016), S. 68-76

[102] N.N.: Kunststoffe in der Medizintechnik: Adsorbergehäuse aus Polycarbonat, innovations-report, URL: http://www.innovations-report.de/html/berichte/materialwissenschaften/bericht-71445.html, aufgerufen am 04.04.2017

[103] N.N.: Technisches Datenblatt Polycarbonat (PC), URL: https://www.kern.de/de/technisches-datenblatt/polycarbonat-pc?n=2301_1, aufgerufen am 15.08.2021

[104] N. N.: Beurteilung von Kunststoffbränden, S. 8, URL: https://www.lfu.bayern.de/luft/doc/kunststoffbraende.pdf, aufgerufen am 05.10.2018

[105] N.N.: Benutzerhandbuch des Thulium-Faserlasers, IPG Photonics Corporation, 2011

[106] Aden, M.: Influence of the Laser-Beam Distribution on the Seam Dimensions for Laser-Transmission Welding: A Simulative Approach, Lasers in Manufacturing and Materials Processing, Vol. 3, Issue 2, 2016, S. 100-110

[107] N. N.: URL: https://www.thorlabs.de/newgrouppage9.cfm?objectgroup_id=10649, aufgerufen am 04.10.2018

[108] N.N.: TopHat - StableTop Beamshaper, Informationsbroschüre der Firma Laser Components, URL: https://www.lasercomponents.com/de/?embedded=1&file=fileadmin/user_upload/home/Datasheets/holoor/top-hat_beam-shaper.pdf&no_cache=1, aufgerufen am 23.04.2019

[109] Kitamura, K., Sakai, K., Noda, S.: Sub-wavelength focal spot with long depth of focus generated by radially polarized, narrow-width annular beam, Optics Express, Vol. 18, Issue 5, 2010, S. 4518-4525

[110] Mamuschkin, V., Engelmann, C., Olowinsky, A.: Improvement of Energy Deposition in Absorber-free Laser Welding through Quasi-simultaneous Irradiation, Physics Procedia, Volume 83, 2016, S. 472-482

[111] Brunnecker, F.: Schweißprozesse unter Kontrolle, Kunststoffe, Ausgabe 5 (2012), S. 46-48

[112] N. N.: Grundlagen der berührungslosen Temperaturmessung, Broschüre Optris GmbH, 2018, S. 9

[113] N. N.: Leitfaden zur Auswahl von Temperaturfühlern, URL: https://watlow.de/products/guides/sensor/index.cfm, aufgerufen am 26.06.2019

[114] N. N.: Highspeed-Pyrometer zur Integration in Laser-Bearbeitungsoptiken, URL: https://www.sensortherm.de/de/laseranwendung, aufgerufen am 12.07.2019

[115] Mamuschkin, V., Häusler, A., Engelmann, C., Olowinsky, A., Aehling, H.: Enabling pyrometry in absorber-free laser transmission welding through pulsed irradiation, Journal of Laser Applications, Vol. 29, No. 2, 2017

9 Anhang

9.1 Abkürzungsverzeichnis

3D	Dreidimensional
CNC	Computerized Numerical Control
CW	Continuous Wave
DOE	Diffraktives Optisches Element
DIN	Deutsches Institut für Normung
EN	Europäische Norm
FEM	Finite-Elemente-Methode
ITO	Indiumzinnoxid
ISO	International Organization for Standardization
LED	Light-Emitting Diode
LoC	Lab-on-a-Chip
Nd:YAG	Neodym-dottierter Yttrium-Aluminium-Granat
NIR	Nahes Infrarot
PC	Polycarbonat
PMMA	Polymethylmethacrylat
POM	Polyoxymethylen
PP	Polypropylen
PS	Polystyrol

USP	United States Pharmacopeia
Tm:YAG	Thulium-dottierter Yttrium-Aluminium-Granat
TWIST	Transmission Welding by an Incremental Scanning Technique
UV	Ultraviolettstrahlung
VCSEL	Vertical-Cavity Surface-Emitting Laser
Vis	Visuelles Spektrum
WEZ	Wärmeeinflusszone

In der Reihe **Ergebnisse aus der Lasertechnik** zuletzt erschienen:

Haasler, Dennis:
Tiefbohren in Metallen mittels ultrakurzen LaserpulsenISBN: 978-3-98555-119-4
Erscheinungsdatum: 24.11.2022

Rödler, Georg:
Entwicklung des selektiven Laserstrahlschmelzens für Al-Ni-Legierungen
ISBN: 978-3-98555-118-7
Erscheinungsdatum: 03.11.2022

Ünal-Saewe, Talu:
Ortsaufgelöste Prozessüberwachung für die Additive Fertigung mittels laserbasierter Directed Energy Deposition
ISBN: 978-3-98555-113-2
Erscheinungsdatum: 10.10.2022

Helm, Johanna:
Prozessstabilität und Prozesseffizienz beim Laserstrahlfügen von hoch reflektiven Kupferwerkstoffen
ISBN: 978-3-98555-112-5
Erscheinungsdatum: 10.10.2022

Meineke, Georg:

Opto-kalorisches Schalten zur Sortierung fluoreszenzmarkierter Partikel in Mikrofluidiken

ISBN: 978-3-98555-109-5

Erscheinungsdatum: 10.10.2022

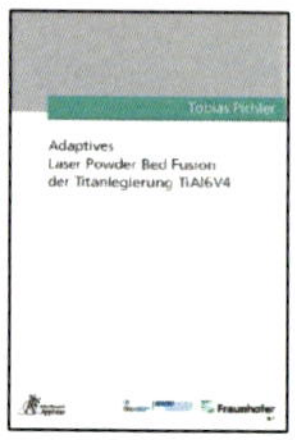

Pichler, Tobias:

Adaptives Laser Powder Bed Fusion der Titanlegierung TiAl6V4

ISBN: 978-3-98555-096-8

Erscheinungsdatum: 17.08.2022

Tenbrock, Christian:

Large-Format Machine for Multi-Scanner Laser Powder Bed Fusion

ISBN: 978-3-98555-091-3

Erscheinungsdatum: 27.07.2022

Saewe, Jasmin:

Untersuchungen der Verarbeitbarkeit des Schnellarbeitsstahls HS6-5-3-8 mittels Laser Powder Bed Fusion

ISBN: 978-3-98555-097-5

Erscheinungsdatum: 27.07.2022

Adams, Martin:

Modellierung der katastrophalen optischen Degradation von Hochleistungslaserdioden unter externer optischer Rückkopplung

ISBN: 978-3-98555-068-5

Erscheinungsdatum: 22.04.2022

FSC
www.fsc.org
MIX
Papier | Fördert gute Waldnutzung
FSC® C083411

Zeitfracht Medien GmbH
Ferdinand-Jühlke-Straße 7
99095 Erfurt, Deutschland
produktsicherheit@kolibri360.de